新一代信息技术（人工智能）系列丛书

人工智能引论

张长水 ◎ 著

清華大學出版社
北 京

内容简介

本书是全面介绍人工智能技术的教材，内容丰富、系统，语言表述清晰易懂，是学习人工智能的入门之选。本书以深入浅出的方式，引领读者走进人工智能的世界，激发探索未知的热情。

全书共12章，开篇首章阐述人工智能的历程，接下来的章节则紧密围绕人工智能的核心技术展开，包括搜索、计算机视觉、计算机听觉、自然语言处理与理解、知识表示与知识获取、机器学习、推理、多模态信息处理、多智能体系统、可信的人工智能、人工智能生态等内容。本书不仅适合作为高等院校计算机、自动化、人工智能等专业的教材，还可作为非工科专业学生的入门学习资料。

图书在版编目(CIP)数据

人工智能引论/张长水著. —北京：清华大学出版社，2024.5(2025.2 重印)
(新一代信息技术(人工智能)系统丛书)
ISBN 978-7-302-66276-1

Ⅰ. ①人…　Ⅱ. ①张…　Ⅲ. ①人工智能－高等学校－教材　Ⅳ. ①TP18

中国国家版本馆 CIP 数据核字(2024)第 096517 号

责任编辑：赵　凯
封面设计：杨玉兰
责任校对：徐俊伟
责任印制：宋　林

出版发行：清华大学出版社
　　网　　址：https://www.tup.com.cn，https://www.wqxuetang.com
　　地　　址：北京清华大学学研大厦A座　　**邮　　编**：100084
　　社 总 机：010-83470000　　**邮　　购**：010-62786544
　　投稿与读者服务：010-62776969，c-service@tup.tsinghua.edu.cn
　　质量反馈：010-62772015，zhiliang@tup.tsinghua.edu.cn
　　课件下载：https://www.tup.com.cn，010-83470236
印 装 者：三河市龙大印装有限公司
经　　销：全国新华书店
开　　本：210mm×260mm　　**印　　张**：13.25　　**字　　数**：265 千字
版　　次：2024 年 7 月第 1 版　　**印　　次**：2025 年 2 月第 4 次印刷
印　　数：2901～4400
定　　价：59.00 元

产品编号：104001-01

人工智能引论

张长水　著

为了助力教学，本书精心制作了立体化的一系列配套资源，旨在为教师和学生提供更加便捷、高效的学习体验。通过这些资源的结合运用，能够更好地帮助学生理解课程内容，提升学习效果，同时也为教师的教学工作提供有力的支持和辅助。

本书提供的配套资源有教学课件、知识图谱、进一步学习的内容、示范课程视频等。

配套资源使用指南

- 请扫描本书封底的文泉云盘专属防盗码进行验证；
- 验证通过后，再扫描书中对应的二维码，即可获得相应的配套资源。

教学课件

知识图谱

示范课程视频

第 1 讲

第 2 讲

第 3 讲

第 4 讲

第 5 讲

实验

校内实验 1

校内实验 2

校内实验 3

校内实验 4

校内实验 5

校内实验 6

校内实验 7

校内实验 8

校内实验 9

校内实验 10

丛书序

FOREWORD

习近平总书记指出："人工智能是引领这一轮科技革命和产业变革的战略性技术，具有溢出带动性很强的'头雁'效应。"人工智能的发展掀开了智能时代的帷幕，并通过赋能技术革命性突破、带动生产要素创新性配置、促进产业深度转型升级，催生新质生产力，是我国实现高水平科技自立自强、推动经济高质量发展、增强国家竞争力的重要战略抓手。

当今世界的竞争说到底是人才竞争，人工智能未来竞争的关键是在人才的培养。与传统学科不同，人工智能具有很强的交叉属性，其诞生之初就是神经科学、计算机科学、数学等领域的交叉，当前日新月异的深度学习、大模型等技术也与各行各业紧密交织，这为人工智能人才的培养提出了更高的要求，迫切需要理学思维与工科实践的深度融合，加快推动交叉领域中创新人才的全面培养。我国人工智能领域的人才培养仍处在发展阶段，人才缺口客观存在。因此，一套理论体系健全、前沿知识集聚、实践案例丰富、发展方向明确的教材，将为我国人工智能教育教学工作开展和人才培养打下基础，也将为更高水平、可持续的新质生产力发展埋下种子。

在教育部"十四五"高等教育教材体系建设工作部署下，新一代信息技术（人工智能）教材体系的建设工作正全面展开。作为最早开展人工智能教学及科研工作的单位之一，清华大学自动化系在该领域的课程建设和人才培养方面积累了深厚的经验，取得了显著的成果。作为领域的排头兵，清华大学自动化系以牵引人工智能核心课程建设、提升领域人才自主培养质量为己任，发掘校内相关院系和国内其他高校的优秀科研、师资力量，联合组建了编写团队，以清晰的理论框架为依据，以前沿的科研知识为核心，以先进的实践案例为示范，以国家的发展政策为导向，编写了本套人工智能教材。

本套教材在编写过程中，以培养有交叉、懂理论、会实践、负责任的人工智能人才为目标，注重基础与前沿相结合、理论与实践相结合、技术与社会相结合。首先，本套教材涵盖了人工智能的经典基础理论、算法和模型，同时也并入和吸纳了大量国内外最新研究成果；其次，在理论知识学习的同时，也设计了与课程配套的实验和项目，提升解决实际问题的综合能力，并围绕产品设计、数字经济、生命健康、金融系统等多个领域，对人工智能的应用实践进行多维阐述和分析。最后，本套教材不仅关注了人工智能的技术发展，也兼顾了人工智能的安全与伦理问题，对于人工智能的内生风险、数据安全、人机关系、权责归属等方面进行了探讨。

我相信，这套人工智能系列教材的出版，将为广大读者特别是高校学生打开人工智能的大门，带领大家在人工智能的无限可能中尽情探索。我也期待广大读者能够充分利用这套教材，不断提升自己的专业素养和创新能力，成为具备“独辟蹊径”能力的创新拔尖人才、具备“领军开拓”能力的战略领军人才、具备“攻坚克难”能力的大国工匠人才，为我国人工智能事业的繁荣发展贡献智慧和力量。

最后，我要感谢所有参与教材编写和审稿工作的专家学者，感谢他们的辛勤付出和无私奉献，为保证本套教材的科学性、严谨性、前瞻性作出了重要贡献。同时，我也要感谢广大读者的信任和支持，希望这套教材能够成为您学习人工智能技术的良师益友，共同推动人工智能事业的发展。

中国人工智能学会理事长

中国工程院院士

戴琼海

2024 年 5 月

前言

PREFACE

党的二十大报告提出，要坚持教育优先发展、科技自立自强、人才引领驱动，加快建设教育强国、科技强国、人才强国，坚持为党育人、为国育才，全面提高人才自主培养质量，着力造就拔尖创新人才，聚天下英才而用之。而“人工智能”是落实立德树人根本任务，培养德智体美全面发展的社会主义建设者和接班人不可或缺的重要内容。

在人工智能已经成为我国发展战略的今天，很多人想知道“什么是人工智能”“人工智能都研究什么”“人工智能发展水平如何”。

在清华大学，很多学生，包括理工科的学生，以及人文、社科等学院的学生都想系统地了解、学习人工智能。

理工科学生会关心“人工智能都研究什么”“今后我是否要学习相关课程”。人文、社科等学院的学生也希望了解和学习人工智能：“人工智能对我今后的学习、工作和生活有什么帮助?”

为此，我在清华大学开设了这样一门课，为本科低年级学生，包括理工科的学生，以及人文、社科等学院的学生，系统地讲授人工智能。这本教材就是为这门课服务的。这本教材有这样一些特点：

具备高中数学知识的学生就能够理解课程内容。人工智能很多内容非常艰深。然而，低年级本科生的数学知识还比较有限。因此，课上尽可能避开艰深的数学，用比较通俗易懂的语言解释其中的做法和道理。尽管书中有少量的数学公式及其推导，但是这些内容并不艰深。即使跳过相应的公式推导的段落和小节，也不影响学生对于整体内容的理解和把握。这样，就为有不同需求的学生提供了更大的灵活性。

比较系统全面地介绍人工智能的主要内容。有些人工智能导论性质的课程，只能深入讲解人工智能的某几方面。由于人工智能内容繁多，而学时有限，因此考虑了内容的深度就无法顾及内容的广度。该课程由于面对低年级本科生，因此更适合考虑内容的广度，因为他们的数学知识还比较有限。这样，就可以比较系统、全面地介绍人工智能的一些主要方向。也正因为如此，每一个方向只能介绍一些最基本的理论、方法和模型。当然，人工智能中很多重要的内容就无法一一讲解，更无法深入讲解。希望深入学习和研究人工智能的学生仅仅学习本课程是远远不够的，需要今后继续阅读相关的资料，学习相关的课程。为此，在每一章内容后面，列举了相关方向的课程、书籍、数据和资料，以便学生选择和学习。

各部分内容之间的依赖性弱。为了教学的考虑，各部分内容之间的依赖性尽可能被弱化了。但这毕竟是理工科的课程，课堂内容的先后依赖性还是有的，只是被弱化了。按照现在的章节顺序讲课，这种内容的衔接是最自然的。例如，“搜索”放在第 2 章。这样，后面各章的方法中有可能会涉及搜索技术的使用；再例如，在“推理”一章，传统的推理方法是符号系统的方法，而近些年的推理研究涉及了学习算法（学习语言、图像等数据）和推理技术。因此，这一章放在了计算机视觉、计算机听觉、自然语言处理与理解等章之后。还有一些内容也是这样，这里不一一解释了。

从问题举例和实际应用问题入手。每章的内容是从应用需求开始讨论，这样学生会更容易理解人工智能相关研究的必要性。方法和算法的讲解也往往是通过举例完成，这样能够直接体会一个算法的实际执行过程，也能避免一些高深数学带来的困扰。对于这些例子和实际应用背后的问题，特别是理论问题、研究的难点，会在每章比较靠后的部分简要讨论。

内容反映人工智能的研究前沿。人工智能研究发展迅速。结合当前最新的人工智能研究状况，讲解相关内容，更容易激发学生学习兴趣。因此，人工智能方面重要的研究进展会体现在教材中。不仅如此，在每一章中，还介绍了相关方向的一些研究困难和没有解决的问题。这样，学生可以了解当前技术的局限、今后可能的研究方向。这也可避免学生在进一步学习和研究中“不看方向只走路”。

每章后提供了练习题。只听课是远远不够的，做练习是必要的。但限于学时等因素，除第 1 章外，每章后只布置了少量习题供学生消化和巩固学习内容。

当然，人工智能内容繁多，即使是宽泛的介绍，这样一门课也不能涵盖人工智能所有内容。因此，有一些内容只能浅浅提及。

从教学角度看，大致上每章内容可以讲一次 2 个学时的课。其他时间安排学生进行讨论、实验、参观。考虑到不同学校不同老师的需求，很多章节包含了比较丰富的内容，包括一些简单的公式推导、算法描述、计算和应用举例，以供选择。如果全部讲授这些内容，2 个学时可能不够。

讲课时使用的教学课件，可以通过扫描书中的二维码下载，以利于读者的使用。书中每章最后一小节为“进一步学习的内容”，内容会及时更新，以方便学习最新内容。

为及时出版此书，我的学生提供了很多帮助。感谢崔森、肖昌明、洪锐鑫、李子昂、刘浩涤、闫昆达、庞昕宇、吴浩睿、朱宇轩、吾尔开希·阿布都克力木。

人工智能是正在发展中的学科，很多问题没有定论。笔者才疏学浅，对人工智能所知寥寥。因此，个人的观点及书中错误在所难免，真心希望读者不吝赐教。

张长水

2024 年 4 月于清华园

目录

CONTENTS

第1章　绪　　论

人工智能有一个很短的历史。

人们让机器完成一些智能任务的思想可以追溯到很早的时候。而比较近代的事情有很多，例如在1900年，著名数学家希尔伯特给国际数学界提出了著名的23个数学问题，其中的第10个问题是：是否存在一种有限的、机械的步骤能够判断“丢番图方程”是否存在解？这其中，“有限的、机械的步骤”就是自动定理证明的思想。

之后，艾伦·图灵(Alan Turing)在研究希尔伯特提出的另一个问题：判定问题(是否所有的数学描述都是可判定的)时，提出了一个被称作图灵机(Turing machine)的模型。这个模型也就是计算机的核心模型。当时，这只是一个抽象的模型。

艾伦·图灵(Alan Turing，1912年6月23日—1954年6月7日)，英国数学家、逻辑学家、计算机科学家，被称为计算机科学之父，人工智能之父。

他提出的图灵机模型为现代计算机的研究奠定了基础；他是第一个从数字计算机角度讨论智能问题的；他提出的图灵测试引导了人工智能的发展。

学术界，计算机领域最高奖以他的名字命名：图灵奖。

后来电子计算机出现了，这给人们带来很大影响。人们曾经争论，这样一台能够计算和记忆的机器，是否还可以完成其他的“智能”任务。图灵对此有过深入思考，并在1950年发表了论文《计算机器与智能》和论文《机器能思考吗》。尽管在此之前有许多关于人工智能思想的论文，但是图灵是第一个从数字计算机角度讨论智能问题的，因此《计算机器与智能》被认为是人工智能方面的第一篇论文。

1.1　达特茅斯会议

1956年夏天，在美国达特茅斯学院举办了一个为期两个月的学术讨论班。来自不同领域的10位科学家在这里讨论了一些各自关心和正在研究的一些新问题，包括：逻辑推理、自然语言处理、神经网络等问题。他们给这些研究起了一个名字“人工智能”(artificial intelligence，AI)。

这样的学术讨论班，或者是学术研讨会，是学术界的一种传统。位于不同地区但具有相同兴趣的研究人员可以在一起讨论、交流。

这个学术讨论班安排在暑期是因为美国的大学有两个月的暑期，从而让大学的教授可以不被学校的工作打扰，安心参加讨论和交流。

参加讨论班的10位科学家是：约翰·麦卡锡(John McCarthy)、马文·明斯基(Marvin Minsky)、克劳德·香农(Claude Shannon)、艾伦·纽厄尔(Allen Newell)、赫伯特·西蒙(Herbert Simon)、雷·索洛莫诺夫(Ray Solomonoff)、纳撒尼尔·罗彻斯特(Nathaniel Rochester)、特伦查德·莫尔(Trenchard More)、奥利弗·塞尔弗里奇(Oliver Selfridge)、阿瑟·塞缪尔(Arthur Samuel)。其中，马文·明斯基于1969年获得图灵奖；约翰·麦卡锡(John McCarthy)于1971年获得图灵奖；艾伦·纽厄尔(Allen Newell)和赫伯特·西蒙(Herbert Simon)于1975年获得图灵奖。图1-1所示为达特茅斯会议期间部分参会人员合影。图1-2所示为达特茅斯会议全部参会人员。

图1-1　达特茅斯会议期间部分参会人员合影

这次会议被认为是人工智能的起点，而1956年就是人工智能元年。

这次会议之前，已经有了下列一些人工智能方面的成果。

约翰·麦卡锡(John McCarthy)发明了一种计算机语言：LISP语言。它是非常适合人工智能研究的语言。到现在，仍然有人在使用这种语言。

IBM公司的亚瑟·塞缪尔(Arthur Samuel)开发了跳棋程序，其中使用了启发式搜索技术，给棋盘的各个位置赋予不同的重要性权重，再利用启发式搜索方法确定最佳的走棋路径。

艾伦·纽厄尔(Allen Newell)、赫伯特·西蒙(Herbert Simon)和克里夫·肖(Cliff Shaw)设计和编写了逻辑理论机(和中文习惯不一样，英文中一个计算机程序也被称为一个

John McCarthy

Marvin Minsky

Claude Shannon

Ray Solomonoff

Allen Newell

Herbert Simon

Arthur Samuel

Oliver Selfridge

Nathaniel Rochester

Trenchard More

图 1-2　达特茅斯会议全部参会人员

机器(machine),这种称呼后来被广泛用于人工智能类技术文献中)。这个程序可以证明罗素的《数学原理》第 2 章中的 52 个定理中的 38 个。程序的改进版本可以证明全部的 52 个定理。

1.2　1956 年—20 世纪 70 年代初

这是人工智能的第一个繁荣时期。这个时期研究人员取得了如下一系列研究成果。

问题求解与搜索。这是研究机器如何自动解决一些问题。搜索算法是这些研究的成果。搜索技术是在解决很多问题时的通用技术。

计算复杂性理论。这是关于算法计算复杂性方面的理论。

SHRDLU 系统。该系统考虑这样一个模拟场景：积木世界。在这个系统中,桌上有一些积木,允许机械臂把一块积木抓起,放到另一个地方。这个系统要完成的任务就是根据用户的要求(从一种积木摆放状况转换成另外一种摆放状况),来自动确定先抓取什么,放到什么位置,然后再抓取什么,放到什么位置。这是对于真实世界问题的一个简化和抽象后的一个场景。在很长一段时间里,积木世界成为人工智能研究采用的场景。这也是研究人员通常采用的方法：先研究简单情况,做初步的尝试和探索。之所以使用模拟的场景,是因为不需要考虑构造一个实际的机器人抓取物体等问题,从而降低了系统实现的难度。

机器人 SHAKEY 是一个可以移动的、真实的机器人。这个机器人安装了一个摄像机从而获得环境图像,并使用激光测距仪确定它和周围物体之间的距离。它能够自动制订一系列需要执行的步骤从而完成一个给定的任务(这也被称作是规划)。为此,开发了一个用于机器人规划的系统：斯坦福研究所问题求解器(stanford research institute problem solver,STRIPS)。

这个时期,研究人员致力于人工智能通用技术的研究和开发,以期实现远大的理想和目标。但是,由于当时的研究水平等方面的局限,研究人员对这一领域盲目乐观,导致很多承诺和预期没能兑现。后来,对于人工智能研究的资助逐渐被削减。在20世纪70年代初,由于人工智能没有太多有用的核心研究进展,人们对于人工智能的批评很多。这些导致了长达十年的人工智能严冬。不仅如此,甚至在其后的几十年里,人工智能都被一些人视为一门“伪科学”。

1.3　20世纪70年代末—80年代末

在这个时期,研究人员指出,在之前的研究中,过度关注了通用技术的研究,而对于知识的关注不够。获取知识和使用知识应该是人工智能发展的关键。这些观点和思想引导了人工智能十多年的繁荣和发展。在这个时期,研究人员开始了专家系统的研发。

对于知识的表示、知识的获取,在20世纪60年代、70年代就一直有研究成果不断出现。而建立由大规模的知识库构成的专家系统是70年代末以后的事情。

专家系统是一个比较大型的软件系统,是利用人类专业的知识解决特定的具体问题。现实生活中的一些问题的解决需要非常系统、深入的专业知识,学习这样的知识需要人类花费很长的时间,而具备这样的知识的专家又非常少。因此,专家系统被认为非常适合人工智能技术发挥作用。

专家系统——MYCIN。这是当时一个著名的医学专家系统。它可以为人类的血液病的诊断提供建议。斯坦福大学研究人员用了大约5年时间完成了该系统。系统中包含了几百条用规则形式表示的知识。1979年在10个实际病例上的测试结果表明,在血液病诊断方面,MYCIN与人类专家相当。MYCIN成功的一个重要因素就是,它是由人工智能专家组和医学院专家组共同开发完成的。

专家系统——DENDRAL。该系统为化学家根据质谱仪的数据确定化合物的成分和结构提供帮助。20世纪80年代中期一段时期,每天有成百上千人使用这个系统。

专家系统——R1/XCON。这是一个商用专家系统,用于帮助人们配置VAX系列计算机。使用该系统的美国数字设备公司(DEC)声称,该系统为公司节省了超过4000万美元。

上述这些专家系统,以及一些其他的成功案例表明,在某些具体问题的解决上,可以达到人类的水平,可以商用。此外,专家系统让知识从抽象和无形变为具体和有形,并可以解决实际问题。这些都导致了相关技术、系统研究和开发的繁荣。由于之前人工智能的负面影响，这个时期的工作被称为“基于知识的智能系统”，或“知识工程”，而不是人工智能。

专家系统也让一些研究人员思考，基于知识的专家系统的数学基础是什么？由此出现了基于逻辑的人工智能的研究范式。逻辑成为了知识表示的基础。到了20世纪80年代初，它成为了人工智能的研究主流，影响到了整个计算机领域，并由此出现了逻辑编程(logic programming)和PROLOG语言。

PROLOG语言由鲍勃·科瓦尔斯基(Bob Kowalski)、阿兰·科尔默劳尔(Alain Colmerauer)发明，是一个以一阶谓词逻辑为理论基础的逻辑程序设计语言。它虽然最终没有成为一种通用的计算机语言，但是目前仍然在使用。

这个时期一个失败的工作就是Cyc工程。20世纪80年代，道格·莱纳特(Doug Lenat)带领团队树立了一个宏大的目标：建立一个包罗万象的知识库，这样就可以实现通用人工智能。但在研究中人们发现，人类的知识非常的丰富、复杂，特别是常识的获取和表示非常困难。虽然经过很多年的努力，系统最终仍然没有达到预期的效果。专家又一次没有兑现之前的承诺。

20世纪80年代末，专家系统的繁荣结束了。

虽然Cyc工程失败了，但是其观点“通用人工智能的本质是知识体系问题”并没有被推翻。失败只说明，实现这一观点的技术在当时没有成功。

1.4 20世纪80年代末后的二十年

基于知识表示和推理的人工智能也同样受到了人工智能界的批评。一个代表人物是罗德尼·布鲁克斯(Rodney Brooks)。他们认为，一个人工智能系统必须要感知环境，并且和环境交互；复杂的知识和推理并不是这样的智能行为的必备条件；以知识和推理作为人工智能核心是错误的。这些研究被称为基于行为的人工智能。他们在一些简单的机器人任务中取得了成功，如智能扫地机器人。

基于行为的人工智能也存在很大局限。当构成这样一个系统的基础功能组件有很多的时候，协调和理解这些组件之间的关系就变得非常复杂；评价和测试这样一个系统不仅费时间，而且花费昂贵；此外，构建一个系统的方法很难用于其他系统的构建。

但人们认识到了基于行为的人工智能的重要性，并逐渐将其与推理方法相结合，由此出现了新的研究方向：构建智能体。

一个智能体系统应该能够完成用户指定的任务；能够根据所处环境调整自己的行为；并且还能够和其他智能体合作。这些研究更关注系统应该具有完成一个任务的整体性，而不是孤立地开发系统的各个组成部分(如学习、推理等)，然后简单地将其组合在一起。这些研究直接受到了基于行为的人工智能的影响。

到了20世纪90年代末，智能体的研究成为了人工智能的研究主流。这些研究使用概率统计、博弈论等作为基础方法，完成给定的任务。

也是在这个时期，神经网络经过了一个短暂的快速发展后又迅速跌入谷底。

杰弗里·辛顿（Geoffrey Hinton，1947年12月6日—），加拿大认知心理学家和计算机科学家。在人工神经网络方面做出了一系列突破的工作，包括1986年提出的反向传播算法（BP算法），2012年在图像识别竞赛中提出了深度神经网络模型，并获得远超第二名的冠军。他和杨立昆（Yann LeCun）、约书亚·本吉奥（Yoshua Bengio）一起因为深度学习共同获得了2018年度图灵奖。

1986年，戴维·鲁梅尔哈特（David Rumelhart）、杰弗里·辛顿（Geoffrey Hinton）和罗纳德·威廉姆斯（Ronald Williams）发表了论文《通过误差反向传播学习表示》（*Learning Representations by Back-propagating Errors*）。这样，神经网络就可以通过反向传播（back-propagating，BP）算法学习隐含层的权重参数。这引发了神经网络的蓬勃发展。

这个时期，很多人加入了神经网络的研究，神经网络发展迅速。新的模型、方法和技术被提出，包括二十年之后继续被关注和发展的卷积神经网络（convolutional neural networks，CNN）、循环神经网络（recurrent neural network，RNN）、长短时记忆网络（long short-term memory networks，LSTM）。

但是遗憾的是，由于十多年后被认识到的数据和算力的限制，导致神经网络的繁荣很快结束了。神经网络在20世纪90年代中期就开始逐渐走出很多研究人员的视野，并开始了十多年的神经网络寒冬。

也就是在这个时期，机器学习得到了蓬勃发展，取得了一系列重要的研究成果，包括理论、方法、模型和应用。

机器学习，听起来是一台机器像人一样读书、写字、记忆、思考。从研究角度看，这被抽象为希望机器能够像人一样通过学习积累经验，从而更好地解决问题。实际上，研究人员也曾经尝试过不同的可能，进行了很多的探索，但逐渐集中在对于数据的分析和预测上。当然，这和人的学习过程有很大的不同。

这个时期重要的一点是，机器学习和概率统计相结合，确定了以概率统计作为理论基础的发展方向，开启了基于统计的人工智能方法的时代。

这个时期一个有影响的研究工作是计算学习理论和AdaBoost算法的提出。

计算机科学家莱斯利·维利昂特(Leslie Valiant)于1984年提出了概率近似正确(probably approximately correct,PAC)学习理论,开创了计算学习理论这个方向。他因该创新性的工作,以及其他一系列重要贡献,于2010年获得图灵奖。

莱斯利·维利昂特(Leslie Valiant,1949年3月28日—),英国计算机科学家。他提出了PAC学习理论,开创了计算学习理论这个方向。2010年获得图灵奖。

Robert Schapire在研究学习理论问题时,提出了AdaBoost算法。在此之前,已经有零散的研究发现,把一些分类器集成在一起得到的效果比其中任何单独的分类器性能要好。而Robert Schapire在这个方面的一系列工作使得集成学习成为了机器学习的重要方向。

Robert Schapire证明了,在PAC的意义上,Boosting过程可以把一个性能一般的分类器(弱分类器)提升为一个性能很好的分类器(强分类器),并在此之后发展出了AdaBoost算法。AdaBoost算法曾很多人研究,并得到了很多成果,其中一个落地应用就是人脸检测系统。

另一个有影响的研究工作是统计学习理论和支持向量机。统计学习理论是建立在统计学和泛函分析之上的学习理论,由弗拉基米尔·万普尼克(Vladimir Vapnik)提出。他从20世纪60年代就开始了相关的研究工作,逐步发表了相关研究成果,到20世纪90年代该理论逐渐成熟,并由此发展出了支持向量机。支持向量机方法在20世纪90年代成熟,得到了广泛的重视、研究、发展和应用。

这个时期还发展了一系列机器学习范式:半监督学习、主动学习、多任务学习,以及其他一些机器学习技术,包括低秩和稀疏正则化。这些研究的思想和范式一直影响着后续的研究,即使在当前的深度学习时代。

统计方法也在计算机视觉、听觉、自然语言处理等领域得到了应用和发展,取得了一系列成果,特别是出现了一些产品。例如,光学字符识别(optical character recognition,OCR)、人脸检测、自然语言的分词系统等。

1.5 2010年之后的深度学习时代

2006年,杰弗里·辛顿(Geoffrey Hinton)和他的学生在*Science*杂志发表了深度神经网络的论文。后来,他和学生使用深度学习方法于2010年在语音识别方面实现了突破。进而,在2012年的图像识别上的突破引导了深度学习时代的到来。

深度学习算法在性能上的突破得益于两个重要因素：大量的数据和强大的算力。在深度学习时代开始的几年，人们采用的神经网络方面的基本技术仍然是十几年前提出的。但是，因为没有足够的数据和强大的计算能力，当时的神经网络方法没有取得成功。当然，这一点是大多数人在深度学习时代才意识到的。

由于互联网、手机等技术的发展，大量数据的收集和标注成为了可能。事实上，在2010年前，在语音、图像上已经存在大量标注好的数据。另外，和20世纪90年代相比，经过十多年的发展，计算机的算力（包括存储和计算速度等）有了大幅度的提高。这样，杰弗里·辛顿（Geoffrey Hinton）和他的学生当时提出的利用大数据和大算力，设计大模型来实现分类任务的思路才取得了成功。特别是他们使用的大模型（和ChatGPT相比，他们的模型是非常小的），包括神经网络的深度和每层的宽度，都远远超出了当时人们的常规思维。使用大数据和大模型的技术路线后来一直深深影响着研究人员和产业界。

2012年之后，深度学习技术取得了一个又一个里程碑式的成果。

2015年，DeepMind公司设计和实现的自动围棋系统AlphaGo实现了技术突破。除了使用之前的搜索技术，包括蒙特卡罗树搜索技术，该系统还使用了两项技术：一个是深度神经网络技术，它被用来“感知”棋局，决定下一步棋子应该放在什么地方；另一个是再励学习（强化学习）技术，它被用来探索在不同位置放棋子的可能性，并对其结果进行评估。

2017年，谷歌公司提出了针对自然语言处理和理解的新模型Transformer。基于此基础模型开发的自然语言处理系统BERT、GPT-3都取得了令人瞩目的成果。而后在GPT-3基础上改进之后的ChatGPT取得了自然语言处理和理解上的突破。

1.6 图灵测试

什么是人工智能？如何判断一个系统具有了智能？艾伦·图灵（Alan Turing）在1950年提出了一个测试方法，被称为图灵测试（Turing test）。这个测试是这样的：一个人A通过键盘和屏幕，与另一个看不见的“个体”B聊天。聊天是通过文本形式进行的。如果经过了一段合理的时间，A无法判断B是一个人还是一个计算机程序，那么“个体”B（假如B是一个计算机程序）就被认为具有了人类智能。

图灵测试关注的是一个计算机程序的功能，而不是其内部结构和机制。该程序被看作是一个黑箱。测试时只关注这个程序从输入到输出的关系（问什么，答什么）。这样就避免了很多争议。

图灵测试关注的是一个计算机程序和人的不可区分性，这种做法在科研过程中常被采用。假如要研究的是两个系统的差异，如果其中一个系统可以通过一个测试，而另一个不能，则说明这两个系统是不一样的；否则就不能说两个系统是不一样的。

图灵测试简单、易懂，到现在为止，人们仍然在使用这种方法。一个系统如果能够通过图灵测试，是一个非常引人瞩目的新闻。

图灵测试的一个好处是给人工智能的研究人员树立了一个目标，虽然这个目标很远大，很难实现。

1.7　封闭世界与开放世界

在过去的几十年里，人工智能研究基本上考虑的是封闭世界问题。深度学习时代，人工智能产品逐渐应用于实际，与此同时，也激发了更多的实际需求。而实际中很多需求是开放世界(open world)问题。

下面以一些实际问题为例，讨论封闭世界问题和开放世界问题的差别。

图像识别：如果一个系统识别的物体有限，并且都在被测试和使用之前见过，这就是个封闭世界的图像识别系统。反之就是一个开放世界的图像识别系统。例如，一个开放世界的文字识别系统就需要在应用时能识别新造的文字。

语音识别：在人的语音中，如果夹杂了系统研发阶段没见过的新词，或者不知道的语言(如汉语语音识别系统中夹杂了其他语言)，这就是一个开放世界问题。

对话问答：ChatGPT 可以允许人们问各种问题，它是一个开放世界的问答系统。

通常来说，封闭世界问题更容易解决，而开放世界问题的解决更困难。

*1.8　进一步学习的内容

人工智能方面的很多研究工作都会以论文形式发表在相关的学术会议和学术杂志上。和其他学科(如数学、物理等)不同的是，人工智能方面的学术会议更受重视，这是因为这个学科发展太快，人们希望能够通过学术会议快速和高效地交流，从而了解彼此的研究工作以及学科的研究进展。

下列是人工智能方面一些优秀的学术会议：

AAAI (Association for the Advancement of Artificial Intelligence)

IJCAI (International Joint Conference on Artificial Intelligence)

UAI(International Conference on Uncertainty in Artificial Intelligence)

ECAI(European Conference on Artificial Intelligence)

AGI(International Conference on Artificial General Intelligence)

下列是人工智能方面一些优秀的学术杂志：

Artificial Intelligence

Nature Machine Intelligence

Journal of Artificial Intelligence Research

人工智能的研究内容繁多。历史上，当某些方向发展更迅速，成果更丰富，这些方向就会独立出来，成立专门的学会和学术会议以期得到更深入更有效的交流和讨论，如计算机视觉、自然语言处理与理解、机器学习等。在本书后面章节会单独介绍这些方向的学术会议和杂志。

本书容量有限，无法一一介绍人工智能所有的内容。在本书后面各章节中只是介绍了一些主要的研究方向。而实际上，还有些方向非常重要，它们的会议和杂志也很有影响力。下面是其中的一部分。

模式识别和机器学习有很多重叠的研究内容。此外，它们也有自己的会议和杂志：

The IEEE/CVF Conference on Computer Vision and Pattern Recognition(CVPR)

International Conference on Pattern Recognition(ICPR)

Pattern Recognition

Pattern Recognition Letter

数据挖掘方向的会议和杂志：

ACM SIGKDD International Conference on Knowledge Discovery and Data Mining (ACM SIGKDD)

IEEE Transactions on Knowledge and Data Engineering(*TKDE*)

信息检索方向的会议：

ACM SIGIR International Conference on Research and Development in Information Retrieval(ACM SIGIR)

人机交互方向的会议和杂志：

ACM Conference on Human Factors in Computing Systems

ACM Transactions Conference on Computer-Human Interaction

互联网上还有人工智能方面大量资源，包括代码、数据库等。这里不一一介绍。

扫描二维码可以获取最新内容。

进一步学习的内容

第2章 搜　　索

做科学研究的时候往往是这样的，对于看起来纷繁多样的一些实际问题，研究人员更倾向于去寻找它们背后共同的规律，研究其共性问题。掌握了这些规律，就能从本质上认识这些问题。解决了共性问题，也更可能解决相关的一系列问题，而不仅仅是解决某一个具体问题。这是做科学研究的一个基本的方法。

例如，人们研究一个一元一次方程，分析清楚了它的性质，给出了这个方程的求解方法，那么就可以将其用于科学研究、工程设计等方面，从而能够解决涉及一元一次方程的各种实际问题。

在人工智能的研究中，人们也会研究在很多智能任务中的一些“共性”问题。其中的一个共性问题就是“问题求解”(problem solving)。

问题求解的能力是人具备的一个重要的能力。例如，对于走迷宫、华容道(捉放曹)这样的问题，人能够自己寻找解决这些问题的方法。对于问题求解的研究产生了人工智能早期的一些成果。这些成果可以用于很多人工智能任务的解决。搜索是问题求解中的一个核心的内容。

2.1 从一个例子开始

例 2.1 走迷宫。

图 2-1(a)是一个简单的迷宫。这个任务是需要从 S 点出发，找到一条到达 G 点的通路。

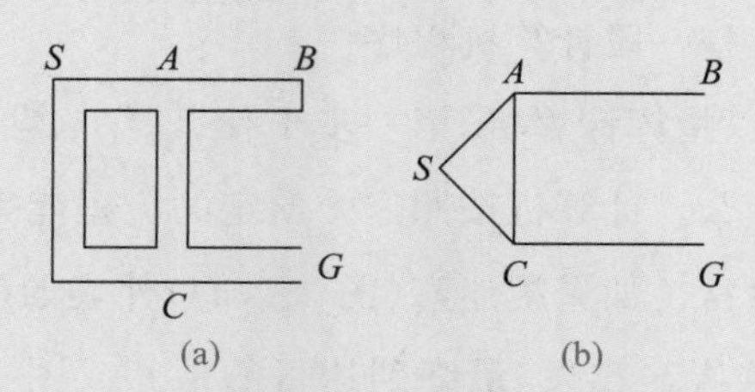

图 2-1 一个简单的迷宫(a)和它对应的一个图表示(b)

为什么要研究走迷宫？研究走迷宫有下面两个原因：

(1) 迷宫作为一个研究例子，它很简单和直观。对于一个简单的迷宫，用一页纸就能画出来（相比国际象棋和围棋要简单很多）。这样就可以让人立刻、直观地看到它（不是一个很抽象、很难想象的困难问题）。这一点很重要。人们非常善于通过观察，发现一些可能存在问题，找到可以解决问题的思路。如果是非常抽象和难以想象的问题，研究起来就困难得多。

(2) 很多别的问题可以转化成一个走迷宫的问题。后面会给出一些例子。这一点也非常重要。在科学研究中，人们往往研究一个基本的代表性问题。这样的问题的解决，有助于解决其他的一些问题。

这些是做科学研究的基本方法。研究人员常常找一些简单的、具体的、直观的、容易理解的、有代表性的例子作为起点（抓手）开始研究。

2.2 如何表示一个迷宫

图 2-1(a)这个迷宫很简单。人们可以很轻松地找到从 S 出发到 G 的一条路径。如果观察更多的迷宫（可以在互联网上搜索到非常多的迷宫图案），就会发现，不同的迷宫外观和形式很不一样。尽管有些迷宫表面上非常不同，但是其关键信息都是从哪里出发，最终到什么地方。如果从出发点出发只有一条路，一直往前走就可以了。问题的关键是到了岔路口该怎么办？

怎么让计算机来走迷宫呢？

通常来说，如果要求解一个人工智能问题，第一件事就是要把这个问题变成计算机内部的一个表示（representation）。对于迷宫的求解问题，就要把这样的一个问题输入到计算机，在计算机中用一种方法表示它。然后在这个表示的基础上给出一个搜索算法，使用这个算法就可以对这个迷宫给出一条或多条路径。

算法（algorithm）是计算机科学中一个重要概念。一个算法就是有准确含义的指令序列，这些指令可以被计算机理解（可以执行）。按照这个指令序列，计算机可以完成具体的计算。这里的指令序列也就是一段计算机程序。

通俗地说，一个算法可以指挥计算机，第一步干什么，第二步干什么……从而使计算机知道在什么情况下应该干什么。计算机按照这个给定的流程能完成一个任务。

先看看怎么表示一个迷宫。如果把迷宫（图 2-1(a)）外表的那些东西都去掉，它其实就更像图 2-1(b)。例 2.1 要求从 S 出发，最终到达目的地 G。图 2-1(b)只把起始点 S，道路分叉点 A、C，端点 B（死胡同）和终点 G 标了出来，其他的一概简化为点之间的连线。

图 2-1(b)的这种表示具有一般性。对于各种不同的迷宫,需要知道的关键信息就是这些迷宫有哪些重要节点(起始点、分叉点、端点和终点),哪些点和哪些点是连通的。为记这些东西,可以使用数学上叫图的方法来记录。

所谓数学概念——图(graph),不是通常说的图像的图或图画的图。图由两个元素构成(V,E),V 代表一个顶点集合,E 代表一个边集合。比如在图 2-1(b)中,节点集合是 $V=\{S,A,B,C,G\}$;边的集合是 $E=\{(S,A),(S,C),(A,B),(A,C),(C,G)\}$。

怎么记录和存储一个图?一种特别简单的办法就是,用一个文件每行记录一个节点的名字。这样一个文件就可以记录所有的节点,有多少个节点就用多少行;再使用一个文件,每行记录一条边(记录边的两个节点)。

2.3　搜索算法和搜索过程

有了迷宫的表示,就可以设计搜索算法。

针对迷宫图 2-1(a),下面给出一个简单的走迷宫过程,如图 2-2 所示。

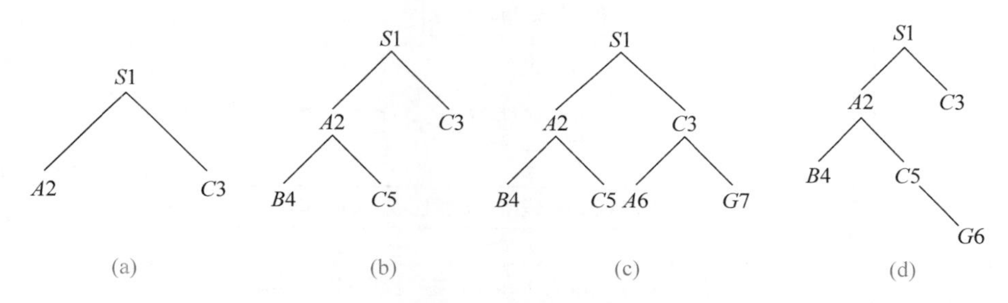

图 2-2　迷宫图 2-1(a)的搜索过程

从 S 出发可以到达 A 和 C,就可以画出图 2-2(a)。如果考虑从 S 到 A 这条路径,之后可以到达 B 和 C,所以,在图 2-2(a)基础上继续画,可以得到图 2-2(b)。如果考虑从 S 到 C 这条路径,之后可以到达 A 和 G,可以得到图 2-2(c)。因为这时已经找到 G 了,所以搜索过程就结束了。这样,把前面的搜索过程分析一下,可以知道这条路径是从 S 到 C 到 G。

图 2-2(c)像一棵倒长的树。刚才的搜索过程像是在这棵树上从根节点 S 出发,一层一层寻找 G 的过程,节点旁边的数字是搜索的节点的序号。一旦找到 G,搜索过程就停止了。以上给出的就是按照宽度优先搜索(breadth-first search)算法的搜索过程。类似图 2-2(c)的结构在计算机科学被称为树结构(tree structure)。利用这种树结构,就可以写程序实现上述的搜索过程。

下面描述宽度优先搜索算法。

宽度优先搜索算法步骤:

(1) 把起始节点 S 放到 Open 表中(Open 表是一个先进先出的队列),如果该起始节点为一目标节点,则得到一个解,算法结束。

(2) 如果 Open 表是个空表,则没有解,失败退出;否则继续。

(3) 把 Open 表的第一个节点(节点 n)移出,并把它放入 Closed 表中。Closed 表是一个扩展过的节点表。

(4) 扩展节点 n。如果 n 没有后继节点,则转向步骤(2)。

(5) 把 n 的所有后继节点放到 Open 表的末端(末端的节点比前端的节点后移出),并提供从这些后继节点指向 n 的指针。

(6) 如果 n 的任一个后继节点是一个目标节点,则找到一个解,成功退出;否则转向步骤(2)。

宽度优先搜索算法的流程如图 2-3 所示。

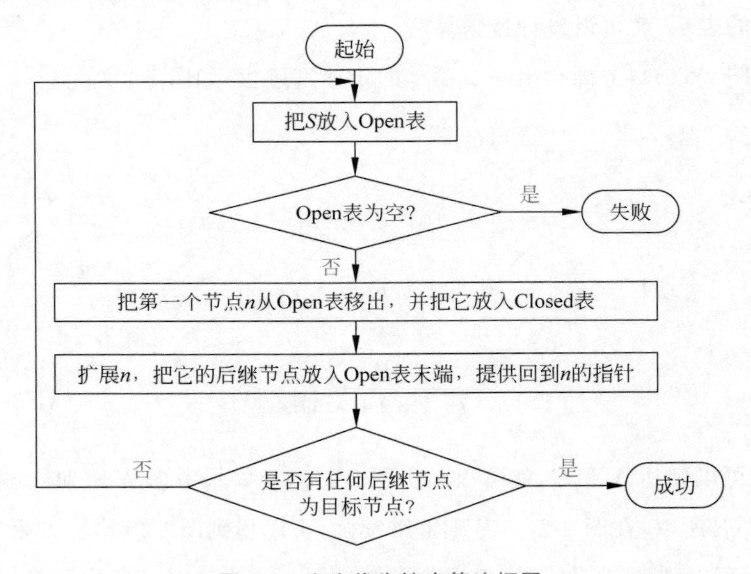

图 2-3　宽度优先搜索算法框图

要寻找节点 G,还可以像下面这样搜索。从 S 出发,可以到 A;到 A 后继续可以到 B;B 是一个无路可走的端点,所以要返回到 A,走 A 节点处的另一个分支 C;到 C 以后可以到 G。找到目标节点了,搜索过程终止。这个搜索过程也可以画成一棵树,如图 2-2(d)所示。它不是一层一层的搜索,而是按照一个方向,一条路一直走下去;遇到死胡同,返回,然后从最接近死胡同的分叉节点继续搜索。实际上这是按照深度优先搜索(depth-first search)算法的搜索过程。

在宽度优先搜索算法中,只要把 Open 表换成堆栈(后进先出)结构,就可以得到深度优先搜索算法。

上面这两个搜索过程均不复杂，但是人们不太喜欢宽度优先搜索过程，因为这需要在搜索时记特别多的分叉节点。相比之下，深度优先搜索过程需要记的分叉节点不多。

在一些旅游场所也会有实际的迷宫。这些迷宫使用树，或者墙围成（如圆明园的黄花阵）。人们可以采用一个简单的规则来走一个迷宫：顺着一边的墙（左边的墙，或者右边的墙）一直走下去。当然，很可能会遇到死胡同，这时继续沿着墙的那一边再往回折返。这样就一定能走出这个迷宫。而实际上，按照这个简单规则走迷宫的过程就是深度优先搜索算法执行的过程。

除了上面的两种搜索算法外，还有几种搜索算法：等费用搜索算法、爬山法、A算法和A^*算法。

A^*算法是人工智能研究的一个重要成果，是人工智能在搜索问题上达到的一个高峰。A^*算法的优点是：到了一个岔路口，这个算法对每一个可能的路径计算一个函数。这些函数值可以告诉人们应该往哪里走更容易到达目标节点。A^*算法也成为了计算机科学中的基础算法之一，并在实际中得到了应用。

2.4　理论分析——搜索算法的性质

读者可能会有这样的疑问：这些算法能解决走迷宫的问题吗？技术上说，这涉及下面这几个问题。

（1）算法能找到问题的解吗？比如说如果从起始点到目标节点一定有一条通路，算法能找到这条通路吗？

上面列出的算法都能找到问题的解，前提是起始点和目标节点是连通的。也就是说，从起始点到目标节点一定有一条通路。

（2）算法找到的解是最优解吗？所谓最优解就是在所有可以到达目标节点的路径中，算法给出的路径是最短的。

上面列出的算法中，宽度优先搜索算法、等费用搜索算法、A^*算法都可以保证得到最优解。而其他三个算法不能保证做到这一点。

（3）这些算法执行时的速度快吗？

宽度优先搜索算法能找到最优解，但是需要搜索非常多的节点，所以相比之下，这个算法执行的速度比较慢。

以上这些问题都属于一些理论问题。理论研究成果告诉人们，这些算法具有什么样的性质、特点和局限，从而让人们对这些算法有更为深刻的理解和认识，指导人们更好地使用这些算法，以及拓展、发展更好的算法。

2.5 搜索算法应用举例

搜索算法可以用于解决很多问题。下面举几个例子。

例 2.2 路径推荐。

如果一个人需要从一个地方去另一个地方，可以使用一些软件来推荐路径（如百度地图、高德地图）。这些可能的路径可以通过搜索算法给出。

例 2.3 独粒钻石游戏。

该游戏如图 2-4 所示。图 2-4(a)显示的是一个棋盘上有棋子的状态，蓝色圆点是棋子，只有交叉点处是可以放棋子的，别的地方不能放。走棋规则是：一个棋子只能沿着棋盘上的横竖线隔着另一个棋子跳到一个空着的位置上。走一步棋子后，被跨过的棋子被拿走。这个游戏的任务是，从图 2-4(a)状态开始，经过 31 步走棋，最后在棋盘上只留下一个棋子。图 2-4(b)就是从图 2-4(a)开始走一步棋之后的状态。

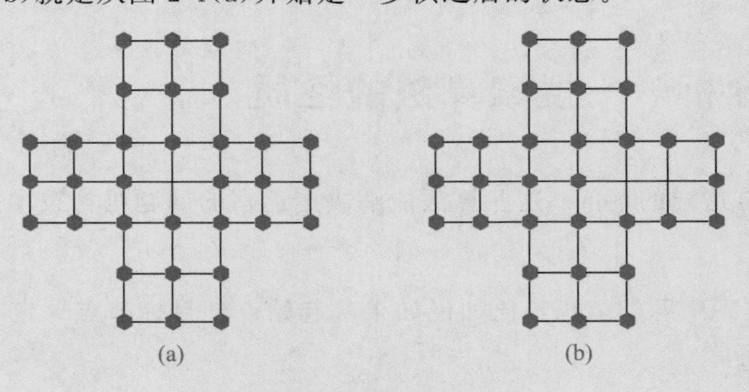

图 2-4 独粒钻石游戏

使用搜索算法玩这个游戏的时候，首先要考虑如何表示这个问题。可以把棋盘的任何一种状态（在 33 个棋子位置上哪些位置有棋子，哪些位置是空的）看作一个节点。根据走棋规则可以知道每两个节点之间是否有连接：在一个棋盘状态（一个节点）下走一步棋，就可以达到另一种状态（另一个节点），那么这两个节点之间就存在一条边。实际上，这些边是带方向的。因此，反向走棋是不允许的。

有了表示之后，就可以利用搜索算法寻找一条从初始状态到目标状态的路径。搜索算法完成这个搜索过程非常快（在通常的计算机上时间小于 1s）。

在写程序来玩这个游戏的时候，所有节点及其连接（也就是这个游戏的图表示）不需要提前写出来。搜索算法在执行的时候，需要从当前棋局（状态）开始，根据走棋的规则，考虑可能到达的别的状态。这时，走棋的规则决定了哪两个状态之间有连接。

例 2.4　华容道。

这个游戏也被称为捉放曹。图 2-5(a)是这个游戏的初始状态。游戏的任务是要上下左右滑动这些积木块(只能向空白的位置移动,移动后会出现新的空白区),最终把最里面最大的积木块移到图 2-5(b)中所示的位置(这时,其他积木块的位置可能和图 2-5(b)不一定相同)。

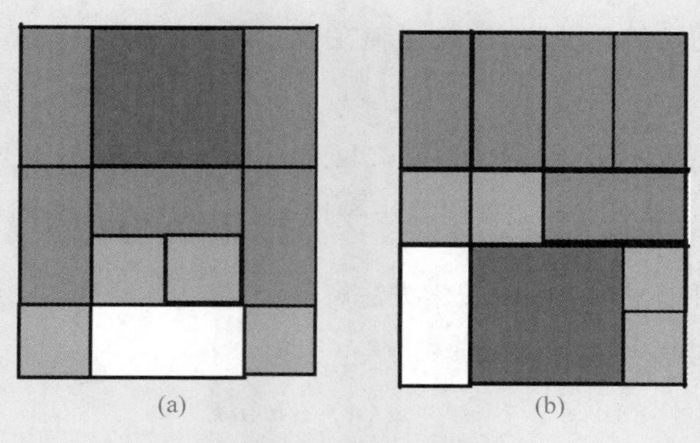

图 2-5　华容道

使用搜索算法玩这个游戏的时候,首先要考虑的也是如何表示这个问题。可以把盘上的任何一种状态(每个积木块在什么位置)看作一个节点。根据积木移动规则可以知道每两个节点之间是否有连接:一个状态(节点)通过移动一个积木块成为了另一个状态(另一个节点),那么这两个节点之间就存在一条边。在这里,这些边是没有方向的。因此,积木块可以移过来,还可以移回去。

有了表示之后,就可以利用搜索算法寻找一条从初始状态到目标状态的路径。搜索算法完成这个搜索过程非常快(在通常的计算机上时间小于 1s)。

上面两个游戏对于人来说是有难度的。其困难就在于,从初始状态出发,有好几种走法。而每走一步之后,又存在很多不同的走法。这样的选择太多,并且都需要移动几十步才能完成任务,因而,人玩起来感觉非常困难。

如果把上面这些游戏和迷宫相比较,可以发现,这些游戏都等价于一个复杂迷宫。不同的是,在这些游戏中,没有把它的所有节点和节点之间的连接都提前写出来。

例 2.5　重排九宫。

重排九宫的游戏规则如图 2-6 所示,把数字为 1～8 的 8 张扑克,随机地摆到 3×3 的一个九宫格上。然后通过九宫格上没有牌的空格来移动扑克(只能横竖移动,不能斜向移动)。例如,图 2-6(a)中,可以把 4 往下移,或者把 3 往上移,或者把 8 往左移。最终是把一个随机摆放的 8 张扑克的排列状态按照规则的移动,变为图 2-6(b) 或图 2-6(c)的状态。

4	6	1
	8	2
3	7	5

(a)

1	2	3
8		4
7	6	5

(b)

2	1	3
8		4
7	6	5

(c)

图 2-6 重排九宫

可以把游戏中的任何一种状态(每张牌在什么位置)看作一个节点。根据扑克牌移动规则可以知道每两个节点之间是否有连接：一个状态(节点)通过移动一张牌成为了另一个状态(另一个节点),那么这两个节点之间就存在一条边。在这里,这些边是没有方向的。有了表示之后,就可以利用搜索算法寻找一条从初始状态到目标状态的路径。

对于该游戏,还可以采用下面的搜索方法解决。

首先设计一个函数：

$$f(n)=g(n)+h(n)$$

$$h(n)=P(n)+3S(n)$$

其中,n 表示当前的牌局。

每一张牌 i 与其目标位置的距离为 $d(i)$。例如,图 2-6(a)中第一张牌 4 与它在图 2-6(b)中的目标位置距离为 3(向右移动两步,再向下移动一步)。8 张牌的所有 $d(i)$之和就是当前节点 n 的函数 $P(n)$的值。

$g(n)$：从初始状态出发到当前牌局所移动过的牌的次数。在这个路径上走过多少步,$g(n)$就是多少。

$S(n)$比较复杂一点。先看图 2-6(a)中非中心牌的顺序为 4612573,如果和目标状态图 2-6(b)相比,其中 4 和 1 的顺序反了(目标状态中,1 在 4 前面),这叫做 1 个"逆序"。计算所有牌的逆序数,每个逆序记 2 分。中心有牌记 1 分,没有牌记 0 分；所有牌的分数之和就是 $S(n)$。

有了函数 $f(n)$,就可以按照下面的思路使用这个函数。以图 2-6(a)为例,这时存在三种移牌的选择：把 4 往下移,或者把 3 往上移,或者把 8 往左移。分别对这三种移动后的牌局计算其 $f(n)$,选择 $f(n)$最小的状态作为下一步的状态。反复这个过程,直到移动到目标状态为止。

实际操作一下,发现按照上面的这种方法移动,能很快到达目标状态。这里,函数 $f(n)$起了很重要的作用。在每次的分叉中,它告诉应该选择哪个分支,从而引导了移动的方向。函数 $h(n)$叫做启发式函数(heuristic function),它带有该游戏的很多信息,可以引导向目标方向移动。使用这样的启发式函数进行的搜索,叫做启发式搜索(heuristic search)。好的启发式函数能很快找到解决方案,而差的启发式函数则没有什么价值。

2.6　下棋也可以用搜索算法来完成

这里说的下棋，是指两人对垒的一些棋类游戏，包括跳棋、中国象棋、国际象棋、围棋等。这类棋具有以下的特点：

(1) 两人对垒，轮流走步。

(2) 双方走棋历史彼此都知道，下一步所有可能的走棋彼此也知道。

和前面的例子类似，如果把在下棋过程中遇到的任何一种棋局状态(就是哪个位置上有什么棋子)都看成一个节点，根据下棋走棋规则，走步之后就出现了一个新的棋局状态；因此，下棋规则就建立了一个节点到另一个节点的连接。由此，就得到了下棋的图表示。

以中国象棋为例。开始棋局是一个状态，这时棋手可以去拱卒(5种选择)，还可以出车、跳马、走炮……所以从初始状态开始就有几十个选择。当一个棋手走棋以后，对方棋手也有几十个选择(分叉)。这就类似一个迷宫，只是分叉特别多，并且是两个棋手轮流走棋。

两个棋手轮流走棋时，每个棋手总是选择对自己最有利(对对方最不利)的走棋。这就是下棋这类游戏的特点。所以在使用搜索算法下棋时，就要考虑这种特殊性，以提高算法的效率。

在下这类棋的时候，通常需要对每一个棋局(节点)给一个估值，这个估值表示对棋手甲的有利情况(如"+100"表示对棋手甲非常有利，"−10"表示对棋手甲不太有利)。在这种情况下，可以把前文的搜索算法修改一下变为适合下棋的搜索算法——最大最小搜索(**min-max search**)。算法每一次搜索的时候总是选择对该棋手最有利的走棋。也就是说，一个棋手在接下来的所有分叉的路径中，选择一个对自己来说估值最大的走棋。因为下棋双方都在选择对自己最有利的走棋，所以棋手双方在博弈(game)。

阿瑟·塞缪尔(Arthur Samuel，1901—1990)于1952年在IBM公司研发了跳棋程序。在这个程序中，他使用了启发式搜索技术，给棋盘的各个位置赋予不同的重要性权重，再利用启发式搜索方法确定最佳的走棋路径。这个程序在20世纪60年代战胜了美国康涅狄格州的跳棋冠军。

当然，如何对一个棋局估值，如何估计得更好，这是一个重要且困难的问题。

扫描二维码可以阅读计算机下棋研究小史。

计算机下棋

2.7　使用搜索算法的关键问题

前文几个搜索算法成功的例子展示了搜索技术的能力。在实际应用中，需要考虑以下的关键问题。

算法的执行速度，或者执行时间是一个关键问题。在前面的几个简单例子中，算法执行得很快。这是因为这几个例子比较简单。而对于国际象棋就需要特别设计的硬件设备以提高算法的执行速度。实际上，在一些大规模问题的应用中，搜索算法的执行速度关系到算法是否实用。而这一点又往往会被忽视。

以上文的搜索过程为例，如果在搜索过程中，涉及的节点特别多，直观来看，如果要画出图 2-2 中的树，树的节点就太多，搜索树枝繁叶茂，因而所需要的计算量就特别大，需要的时间就特别长。

如果一棵树的"分叉点"越多，其算法的计算量就越大。可以想象，下象棋时可以拱卒，可以跳马，也可以走车，选择很多，有很多种可能。如果下围棋，可以选择的走棋就更多。围棋为 19×19 的棋盘，刚开始随便在哪儿放棋子都行，如果把这个过程做成树状图的话，开始的"分叉"就达到了 361 个，第二个棋子放棋的位置也有 360 个，选择空间特别大。这个搜索树开始就这么多分叉，下面还会再分叉，那该怎么办？这就是在使用搜索算法解决实际问题时的困难。那么该如何解决呢？

使用更快的计算机，通过提高计算机硬件的性能是不是可以解决问题？

的确，可以考虑把算法的程序写得更好、或者提高计算机硬件的性能，这样就可以提高算法执行的速度。但是，如果算法 A 需要做 1000 次加法运算，而算法 B 需要做 10000 次加法运算，通常情况下算法 A 的执行速度肯定要比算法 B 快。因此，如果仅考虑一个算法所需要的运算次数，算法的快慢这个问题的讨论就和具体某一台计算机性能无关了。我们只要关注怎样可以使得算法的计算量小就可以了。这样研究起来可能就会更独立、更客观，当然也更抽象。这样做也是因为考虑了编程技术和计算机硬件带来的算法执行层面的不确定性。

因此，人们就开始研究这样的问题：对于哪一类问题，大概需要多大规模的计算量。

下面通过几个例子来讨论一下算法的计算量的问题。

例 2.6 找出一群人中最年长的人。

可以写一个非常简单的算法来完成这个任务。下面是这个算法的核心代码片段。

```
For(i = 0; i < n;i++)
…;
```

其中，n 是要比较年龄的人的数量，这里称为问题规模。

这是一段非常简单的代码片段，学习过编程的人基本都能够理解这段代码。其直观的解释就是对 n 个人，一个一个地比较年龄。基本上 n 个人比较了一遍，就可以把最年长的人找出来了。这个算法需要的计算量和问题规模 n（这里指人数）呈线性关系，计算量在 n 这个量级 t。其专业术语叫做计算复杂度函数为 $O(n)$。所谓在 n 这个量级，有可

能会和 n 差一个倍数关系。不过，我们暂时不考虑这个倍数关系问题。

计算复杂性(computation complexity)是一个专门术语，其“复杂性”和我们常说的“这个问题很复杂”“这个推导很复杂”有关系，但又很不一样，有专门的含义。

例 2.7　找出一群人中相同生日的人。

也可以写一个非常简单的算法来完成这个任务。下面是这个算法的核心代码片段。

```
for(i = 0;i < n;i++)
for(j = 0;j < n;j++)
⋮
```

其中，n 是要比较生日的人的数量。其思路就是：第一个人和所有人比对一遍，第二个人和所有人比对一遍，第三个人和所有人比对一遍……如果 n 是这群人的数目的话，那么计算量在 n^2 这个量级 $O(n^2)$。

当然，第一个人和第二个人比对过了，第二个人就没有必要再和第一个人比对了，只是需要和第三个人及其后面的人比对，后面的比对也是这样。的确，这样可以减少大约一半的比对次数。但是，这样的算法的计算量仍然在 n^2 这个量级。而在计算复杂性的讨论中，计算量是在一个量级范围内讨论，可能会和 n^2 差一个倍数关系。

例 2.8　一群人的组合。

有一项工作需要一群人中的一组人参与，但是这群人中每一个不同的组合都会出现不同的工作效果。现在希望分析每一种可能的工作效果。

因为每个人的作用是独一无二的，每一种组合也是独一无二的。因此，需要考虑每一种组合下的工作情况。如果没有人参加工作也作为一种情况，可以算出有 2^n 种可能性。如果把这个画成一棵树，如图 2-7 所示。两个人有 4 种可能，3 个人有 8 种可能，以此类推，如果有 8 个人，最后得到的可能的数目非常大。这棵树长得很快，枝繁叶茂。

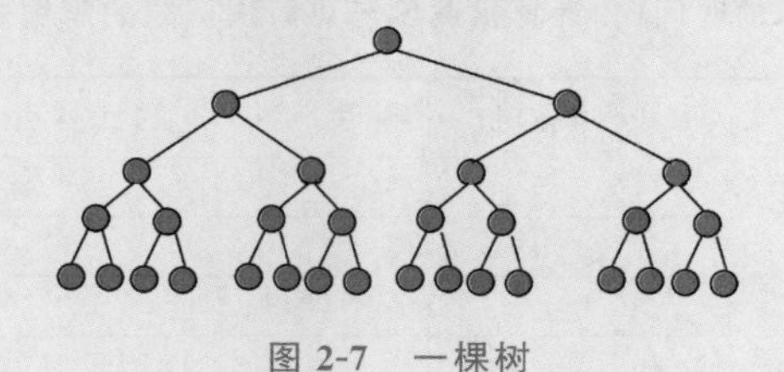

图 2-7　一棵树

2.8　指数爆炸

现在讨论一下例 2.6～例 2.8 展示的三类算法在执行时间上是什么状况。

表 2-1 给出的是不同复杂度的算法之间的执行时间比较。可以看到，假设有 10 个人来比年龄（第 2 行），假设一台计算机用时 0.00001s 就可以找到 10 个人中年龄最大的，那么 40 个人的时候算法用时就是 0.00004s。如果要找同一天生日的人（第 3 行），那么对于 10 个人来说，算法用时是 0.0001s；40 个人时算法就需要用时 0.0016s。

表 2-1　不同复杂度算法之间的执行时间比较

	10	20	30	40
n	0.00001s	0.00002s	0.00003s	0.00004s
n^2	0.0001s	0.0004s	0.0009s	0.0016s
2^n	0.001s	1.0s	17.9min	12.7 天
3^n	0.059s	58min	6.5 年	3855 世纪

下面看一群人的组合情况（第 4 行），10 个人时算法用时需要 0.001s；40 个人时算法用时需要 12.7 天。

如果每个人的工作有三种可能：全时工作，半时工作，不参加工作，这时总共有 3^n 种可能（第 5 行）。10 个人的时候算法用时是 0.059s；40 个人的时候算法用时则需要 3855 世纪。这远远超出了很多人的想象和预期。这就是问题所在。

这引发了人们的思考，问题出在哪？

问题其实就出在指数函数上。如果计算复杂度是多项式函数（例如第 2、3 行）时，计算时间的增长相对比较慢。而计算复杂度是指数函数的时候，计算时间的增长则非常快。人们把这样的现象叫"指数爆炸"（exponential explosion）（也称之为"组合爆炸"，是因为这往往是多个因子的组合导致的指数爆炸）。指数爆炸这个词看起来很普通，其实它是一个专业术语。

如前面所提过的，使用更快的计算机是不是可以解决问题？请看表 2-2。

表 2-2　同样的时间内，计算机速度与可解决问题的规模之间的关系

	速度为 x 的计算机	速度为 $100x$ 的计算机	速度为 $1000x$ 的计算机
n	N_1	$100N_1$	$1000N_1$
n^2	N_2	$10N_2$	$32.6N_2$
2^n	N_3	$N_3+6.64$	$N_3+9.97$
3^n	N_4	$N_4+4.19$	$N_4+6.19$

表 2-2 告诉我们，如果用的计算机的速度是当前计算机的速度的 100 倍，例 2.8 的算法只能在人数上增加 6.64。如果用的计算机的速度是当前计算机的速度的 1000 倍，例 2.8 的算法中如果考虑每个人有全时工作、半时工作和不工作三种情况，只能在人数上增加 6.19。也就是说，靠提高计算机运算速度不可能解决问题。

根据上面的讨论可以知道，如果一个算法的计算复杂度是指数函数，那么当问题规模大的时候，人们目前是没有办法在较短的时间内执行完算法的，这个算法对应的任务也就没有办法完成。因此针对一个任务，寻找一个多项式时间算法，就成为很多人工智能研究的任务。

遗憾的是，当前的很多人工智能问题，能保证找到一个最优解的算法本质上都是穷举搜索，也就是遍历所有的可能性。这样的算法通常都是指数时间算法。

因此，很多人工智能研究人员转而寻找一个多项式时间算法，尽管这个算法找到的是次优解。总地来说，这是一个根本性的难题，人工智能很多研究都卡在这个地方。

由此可以知道，人工智能存在一类问题，对于这类问题，理论上，存在解决该问题的方法，但是由于计算需要太长时间，或者需要太多的存储空间，从而导致这样的方法无法实现。

当然，还有另一类难题是人们还不知道解决它们的方法。

2.9　使用知识

根据上述讨论，当前没有办法解决指数爆炸问题。但实际应用和需求让研究人员思考如何减少算法的计算量。对此有什么办法吗？

一个研究思路是这样的：每一个任务都有它的特殊性，利用任务自身的特殊性是有可能有效解决问题的。使用要解决的任务的特殊知识是**人工智能的一个原则**。

每个问题都有其特殊知识，如果能够很好地利用这些知识，就有可能有效解决问题。在搜索问题上，这种知识叫启发式信息（heuristic information），它体现了一个问题的知识。

在例 2.5 重排九宫中，设计了一个函数 $h(n)$。这个启发式函数就包含了重排九宫这个任务的启发式信息。如果使用这个函数引导的搜索，会发现算法需要搜索的节点特别少，算法执行的效率特别高。

重排九宫这个启发式函数设计得很精巧。实际上，玩重排九宫的关键点就是牌的顺序。可能玩得多了，你会有“灵感”，突然发现这个顺序特别重要。如果在玩的时候牌的顺序是对的，一会儿就能完成。如果没想这一点，那么几乎就是莽撞地乱移动。因此，在这个问题里，牌的顺序就包含了这个问题的知识。把对这个问题的知识放在函数 $h(n)$ 里，就会使得搜索特别有效，计算量就会很小。

2.10　如何得到一个好的启发式函数

要得到一个好的启发式函数有两个思路。

1. 设计一个启发式函数

这是一个传统的思路。要设计一个好的启发式函数,就对要解决的问题很熟悉。例如,反复研究要解决的问题(如反复玩重排九宫这个游戏),成为这个问题的专家。这样就可以从中找到一些规律,找到问题的特殊性。或者邀请相应的专家参与任务的解决。例如,在国际象棋程序"更深的蓝"(Deeper Blue)的研发中,IBM公司就邀请了国际象棋大师加入了研究团队。

2. 学习一个启发式函数

这是得到一个好的启发式函数的另一个重要思路。要设计一个启发式函数,就要首先成为解决该问题(如玩重排九宫或者下国际象棋)的专家,这也很难。深度学习时代,人们在研究能不能让机器去寻找到这个函数。也就是说,这个函数不是人设计出来的,而是让计算机算法找到的。

人工智能的研究中,机器学习得到了快速的发展,取得了很多成果。让机器学习这个启发式函数是一个可行的思路。如果这样,就可以让一个计算机系统根据要解决的问题自动获取大量的数据(如程序自己反复玩重排九宫、象棋这样的游戏),或者人提供给计算机系统大量数据(如棋谱),然后通过一个学习算法学习到这个函数。

上述两种方法体现了**人工智能的两个原则**——要么用**知识**,要么用**数据**。实际上,数据本身也包含了对于要解决的问题的知识,只不过可能是以隐含的方式。在某些情况下,数据本身可能就包含了要解决问题的答案,因此也可以通过检索的方式找到答案。

2.11 进一步学习的内容

搜索是人工智能的传统内容,在很多的人工智能教材中都有相应的章节。

计算复杂性理论是计算机科学中一个专门的研究方向,有专门的教材和课程。

扫描二维码,可以看到有关进一步学习的内容。

进一步学习的内容

练习

1. 请说明在如下的问题中,什么是初始状态?什么是目标状态?什么是两个状态之间的连接?总共有多少种状态?

(1) 八皇后问题。在一个空的国际象棋棋盘上,如果在一个位置放一个"皇后"(国际象棋的一个棋子),那么它所在的水平、竖直以及2个斜线共4个方向上都不允许再放置其他任何棋子(包括“皇后”)。请给出棋盘可以放置 8 个“皇后”的所有可能。

(2) 国际象棋棋盘上的跳马。在一个空的国际象棋棋盘上,棋子“马”位于左下角。请根据“马”的走棋规则,给出这个棋子从初始位置出发,棋盘上每个位置都要走到并且只走一遍的一个走棋路线。

(3) 食人生番(也被称为道士和野人)。3 个道士和 3 个野人在一条河的左岸。左岸有一条船。这条船只能承载两个人。在任何情况下(岸上,或者船上),如果野人比道士多,野人就会吃掉道士。现在需要把 3 个道士和 3 个野人都通过这条船渡过河。请给出一种过河的方案。

2. 请编程实现对练习 1 中问题的求解。

3. 请给出使用搜索算法可以解决更多问题的例子。

4. 有一些樱桃,甲乙轮流拿,每人一次可以拿 1 个,或者 2 个。谁拿了最后一个谁输。

(1) 如果有 7 颗樱桃,甲先拿,乙采取什么措施可以保证甲会输?在这个问题中,什么是初始状态?什么是目标状态?什么是中间状态?哪些状态之间有连接?

(2) 如果有 6 颗樱桃,谁先拿更有利呢?

(3) 如果有 8 颗樱桃呢?

5. 图题 5 是一个简单的迷宫,其中长方形的区域是不能通行的障碍。用一种搜索算法求走出迷宫的路径。画出类似图 2-2 的搜索树。

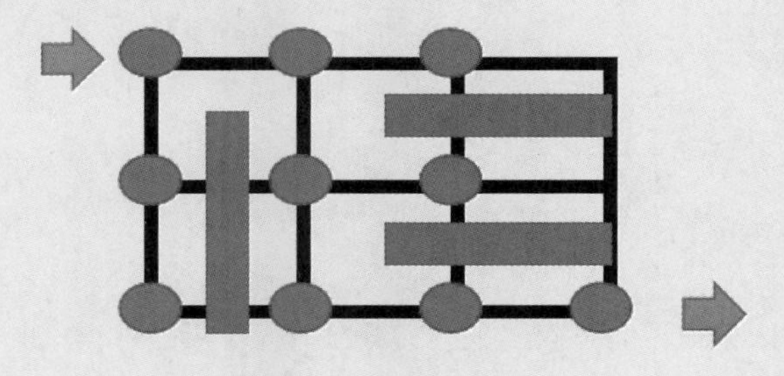

图题 5　简单的迷宫

6. 使用一种搜索算法解以下问题。画出搜索树,或给出解的路径。

(1) 翻转钱币问题。三枚钱币处于反、正、反状态,每次只许翻动一枚钱币,问连续翻动三次后,能否出现全正或全反状态。

(2) 有三个容器,容量分别为 12L、8L、3L。你可以将任一容器装满水,清空,或是将水移动到其他容器。你需要配出恰好 1L 的水。

7. 考虑一个状态空间,每个状态对应一个正整数,起始状态为 1。对于每个状态 k,都有两个后继状态:$2k$ 和 $2k+1$。

(1) 请画出状态 1～15 的状态图。

（2）假设目标状态为11，请分别列出宽度优先搜索，深度优先搜索的状态搜索过程。

8. 有一个酒店，其每天房间费用如下：第一层1分钱，第二层2分钱，第三层4分钱，以此类推，请问这个酒店的第37层房间每晚房费是多少？

9. 假设100张纸的厚度是1cm。如果把一张纸对折，再对折，再对折……假设这张纸可以一直对折下去。请问对折多少次后，其厚度可以达到地球到月球的距离。

10. 请举出其他涉及指数爆炸的例子。

第3章　计算机视觉

"什么是计算机视觉"？这在学术界有过几种不同的定义。通俗地说就是希望计算机能够通过"看"来知道什么东西在什么地方，或谁在什么地方做什么。例如，根据一张照片可以知道：桌子上有一个苹果；或者根据一段视频可以知道：几个孩子在踢球。

最早的一个计算机视觉研究课题是美国麻省理工学院的一个本科生的暑期项目，是要建立一个系统能够对图像进行分析，实现目标识别的目的。

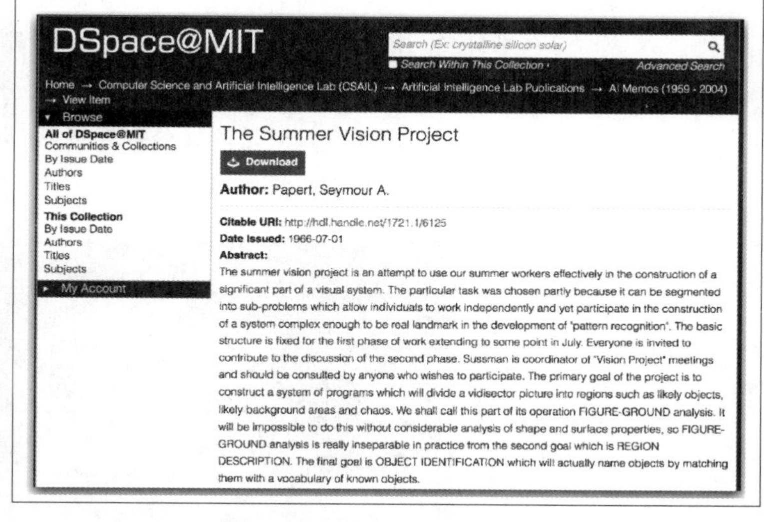

3.1　计算机视觉系统构成

一个计算机视觉系统通常由两个主要部分构成：摄像头和计算机。摄像头起到获取输入图像的功能；计算机起到计算、分析和识别的功能。例如，一个通过人脸图像进行身份认证的系统就包括一个摄像头和一台计算机。因为手机既有摄像头，也有比较强的计算能力，所以用手机就可以实现一个计算强度不大的视觉系统，如用手机拍照识别花卉。手机上实现的计算机视觉系统比较小巧和紧凑。在有的视频监控系统中，摄像头后面连接了一个计算芯片。这个计算芯片起到了计算机的作用。这样一个系统就能实现视频监控的功能，系统也很紧凑。

3.2　一些计算机视觉任务

在现实生活中，可能需要一个计算机视觉系统完成下面的任务。

确认。在这个任务中，需要对图片中的物体识别和确认。以图 3-1(a)为例，可能需要系统回答图片后面的部分是建筑吗？这个任务叫做确认(verification)。

分类。在这个任务中，需要对图片中的物体分类(object classification)。以图 3-1(a)为例，可能需要系统将图片中有些区域分为建筑、草地、人、树、天空。在这个任务中，需要系统对每一个物体给出对应类别的标号。有时需要对整张图片进行场景分类(scene categorization)。以图 3-1(a)为例，该图片可以归类为室外场景、校园。人们经常说的物体识别(recognition)就是一个图像分类问题。

检测和定位。在这个任务中，需要确定图片中的物体所在的位置。以图 3-1(a)为例，可能需要系统回答图像中有没有人？人在什么地方？前面的问题是检测(detection)，需要系统回答是或者否。后面的问题是定位(location)，需要系统给出物体的位置。位置可以用包含这个物体的长方形框来表示，所以这时需要给出该边框的坐标。有时检测和定位就简称为检测，这时需要直接给出包含物体的边框的坐标。

语义分割。在这个任务中，需要对图片中的每一个像素(图片中的最小单元)给一个类别标号。例如，图 3-1(b)是对图 3-1(a)分割后的结果。图 3-1(b)的每一个像素取值为不同的颜色，这就是该类别对应的标号。语义分割(semantic segmentation)通常不直接对应一个实际应用任务。但是语义分割完成后，有助于其他任务的完成，如有助于物体的识别。所以这是一个中间任务。

(a)

(b)

图 3-1　一张图像和它的分割图

人脸识别。该任务是物体识别任务中的一个子任务。但是，这个任务很特殊，被研究得特别多，也有很多重要的方法提出，所以通常被看作是一个单独的任务。

图像深度信息计算。这个任务是对图像中的每一个像素给出距离摄像头的距离信息。在一个双目视觉系统(由并排的两个摄像头和计算机构成的视觉系统)里通常可以由两张对应的图像计算物理世界的物体到摄像头的距离。如果给出一个视频(图像序列)，通常是可以得到其中一些物体到摄像头的距离信息的。

图像生成。有时候我们需要产生一些新的图像。该任务包括一些不同的子任务，如图像编辑。在图像编辑任务中，可以改变图像中物体的一部分（如改变一张人像中的发型）；改变图像的色调；图像的风格转换（如把拍摄的图像转换成油画风格）等。

信息补全。该任务包括把黑白图像转换成彩色图像，或者把其中部分区域（被遮挡、被涂鸦）还原。

物体跟踪。如果输入的是一段视频，该任务需要对视频中的运动物体跟踪。例如，对足球比赛中的某个运动员跟踪（给出每一帧图像中该运动员所在的边框或者运动员的轮廓）。

动作和事件分类。动作分类通常是指对视频中人的动作进行分类，如跑步中的抬腿和摆臂、篮球的投篮、足球的射门。而事件是由一系列动作构成的高层概念，如跑步中的冲刺、视频中的打架等。

3.3　计算机视觉用到的方法

可以把完成计算机视觉任务的系统被看成是从输入到输出的映射，如图 3-2 所示。

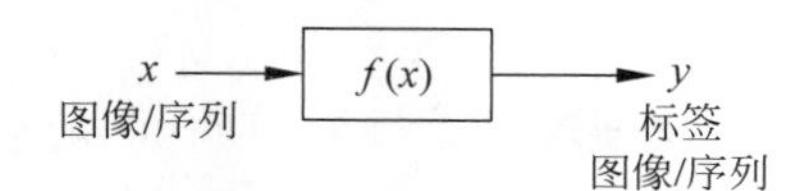

图 3-2　完成计算机视觉任务的系统被看成是从输入到输出的一个映射

确认。输入 x 是图像，输出 y 是 1 或者 0（是或者否）。

分类。输入 x 是图像。对于物体分类来说，输出 y 是每一个物体对应的类别的标号。对场景分类来说，输出 y 是整张图像对应的类别的标号。

语义分割。输入 x 是图像，输出 y 是每一个像素对应的类别标号。

检测和定位。输入 x 是图像，输出 y 是包含物体的边框的坐标。

人脸识别。输入 x 是图像，输出 y 是图像中人脸对应的人的标号。

图像深度信息计算。输入 x 是图像，输出 y 是每一个像素到摄像头的距离信息。

图像生成和信息补全。输入 x 是图像，输出 y 是另一张新图像。

物体跟踪。输入 x 是一个图像序列，输出 y 是对应的被跟踪物体的边框序列。

动作和事件分类。输入 x 是一个图像序列，输出 y 是动作（或事件）对应的类别标号。

对于上述这些任务，如果知道了能完成这个任务的函数 $f(x)$，那么这个系统就确定了。因此，确定这个函数 $f(x)$ 成为了视觉问题的关键。对此有两类方法：传统方法和深度神经网络方法。

3.4 计算机视觉传统方法

在计算机视觉任务中，物体分类这个任务具有典型性，也被研究得最多。本章以这个问题为例，进行方法的介绍和分析。

在传统方法中，函数 $f(x)$ 被划分成“特征提取”(feature extraction)和“分类”(classification)两部分。下面分别介绍各个部分。

1. 第一个部分　特征提取

一张图像由下面这些特征构成：边缘、颜色、纹理。以图 3-3 左边的小丑鱼为例，它的颜色主要是由橙色、白色、黑色这三种颜色构成。这三种颜色之间会有一些边缘，这些边缘是相对比较平缓的曲线。此外，每一种颜色区域还有一些渐变的纹理。图 3-3 右边的三色神仙鱼也是由橙色、白色、黑色这三种颜色构成。相比之下，三种颜色之间直的边缘很多。每一种颜色区域有渐变的纹理，还有不同颜色混杂构成的纹理。由此，可以找到鱼的头部、身体、尾部、鱼鳍等部分。

物体基本上是由边缘、颜色、纹理这三类特征构成，但是对于不同的物体，这三类特征的取值是不同的。根据这些不同的取值就可以区分这些物体。在图 3-3 中，比如小丑鱼中橙色占比约为 60%，三色神仙鱼中橙色占比为 20%。此外，也可以计算其他特征，如边缘的平均曲率值等。

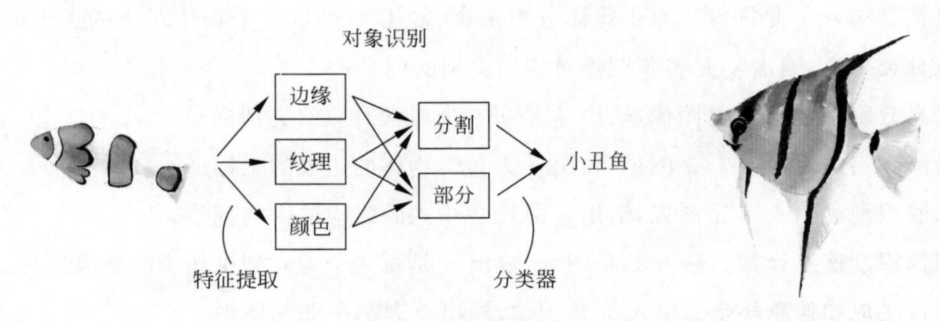

图 3-3　小丑鱼和三色神仙鱼的分类

“特征提取”这部分，传统方法是根据人的经验设计完成的。即由人来设计算法，提取边缘、颜色、纹理特征。例如，提取边缘的 Canny 算子，各种的纹理提取算子都是在完成特征提取的任务。得到这些特征后，再确定哪个区域是物体的哪一个部分或部件(比如鱼的头、尾、身体)，然后再做下一个阶段的分类。当然，有时候，不需要寻找物体的各个部分(比如鱼的头、尾、身体)，只根据特征也可以直接用于后面的分类，见例 3.1。

2. 第二个部分 分类

当得到图像中物体的特征或者部件后，需要综合这些特征或者部件，判断这张图片对应的是什么物体。这个过程被称作分类或者识别。

例 3.1 小丑鱼和三色神仙鱼的分类。假设有三张小丑鱼的图像，其橙色占比分别为 58%、60%、62%；有三张三色神仙鱼的图像，其橙色占比分别为 18%、20%、22%。按照下列步骤可以完成对这两种鱼的分类。

步骤 1：计算这两类图中橙色占比的平均值 P。小丑鱼的橙色占比 $P_1=60\%$，三色神仙鱼的橙色占比 $P_2=20\%$。

步骤 2：计算这两个值 P_1、P_2 的平均值 $P_t=40\%$作为一个阈值。

步骤 3：如果一张图像的橙色占比 $P<P_t$，就判断该图像为三色神仙鱼，否则就为小丑鱼。

在例 3.1 中，当给出一些(可以很多，也可以比较少)小丑鱼的图像和一些三色神仙鱼的图像，就可以计算它们的橙色占比值。根据这些橙色占比值，就可以按照上面三个步骤计算出一个阈值并进行分类。这里的阈值是根据每次给定的图像由这个计算过程自动算出来的，而不是提前人工确定的，这个过程叫做学习(learning)过程。也就是说，这个阈值是学习出来的。

在早期的研究中，像例 3.1 的阈值 P_t 这样的数值是人工确定的，这个时候步骤 1 和步骤 2 是不需要的。人工确定参数值需要算法设计人员对要解决的分类问题有深入了解。在小丑鱼和三色神仙鱼分类这个问题上，就是指算法设计人员能够观察到区分这两种鱼的一个特征就是其橙色占比值，并根据经验确定 P_t 的大小。该方法的优点是不需要给算法提供很多图像，减轻了图像采集、标注(哪张图像是小丑鱼，哪张图像是三色神仙鱼)等方面的压力。缺点是在一些复杂的分类问题中，人工确定这个阈值不仅是困难的，而且随着分类问题的变化，需要每次重新确定这个阈值以适应问题的变化。例如，当分类问题变为花的分类的时候，阈值就会不同；即使把分类问题略微改变为小丑鱼和金龙鱼的分类时，这个阈值也要重新确定。

在很多实践中，阈值 P_t 这个参数(parameter)通常是通过学习得到的。其优点是，当特征确定下来后，步骤 1～步骤 3 可以用于不只一个分类问题。既可以用于鱼的分类，也可以用于花的分类等，只要提前提供两类图像的特征就可以了。这种方法更灵活，对不同问题的适应性更强。其缺点是需要提前收集和标注图像，而在很多复杂的图像识别任务中，需要收集和标注的图像非常多。

例 3.1 的算法非常简单，只要对一个特征计算平均值，然后再计算阈值 P_t。而对于很多图像识别问题，单独的一个特征不足以区分不同的物体。这时需要使用很多特征，并且把所有的特征都组合在一起。组合的一种方法是给每一个特征一个“权重”(“权重”的绝对值越大这个特征就越重要)，这些特征的加权求和就是一个综合的新特征。然后再对这个综合的特征确定一个阈值。例如，在识别鱼时，不同的鱼有不同的颜色，每种颜色占比也不一样，边缘的曲率也不同，纹理也会有差别。在这里，特征的权重、综合特征的阈值都是这个算法需要确定的参数，这些参数都可以通过学习来确定。

当采用学习参数的方法的时候，就产生了一个单独的过程称为训练(training)过程。在例 3.1 中，步骤 1、步骤 2 就是使用 6 张给定图像的特征数值的训练过程，这也被称作训练一个分类器(classifier)。当训练过程结束后，权重、阈值等参数也就确定了。而在实际使用这种方法对一张图像进行分类时，只使用步骤 3 就可以了。步骤 3 对应的这个过程称为测试(test)过程。使用给定的一个数据集合训练一个分类器是在研发阶段完成的。

训练好分类器后就可以对这个分类器进行测试，评价(evaluate)其性能。例如，测试 100 张图像，只有一张识别错了，这时分类器的错误率就是 1%。如果觉得这个错误率能够满足实际需求，那就可以在实际中用这个分类器识别图像了。

3.5 计算机视觉深度学习方法

在传统方法的特征提取阶段，算法设计人员根据经验设计特征提取方法。但是在一些复杂的分类问题中，要确定提取什么特征往往是非常困难的。这里说的困难可能是因为人们希望提取的特征很难用计算机程序实现(如一个人的嘴角微微有些上扬)，也可能是因为人们说不清应该提取什么特征(如什么特征让人们感觉这个人有些不太高兴)。不仅如此，当分类问题变化了的时候，需要由算法设计人员重新设计新的方法提取适合新问题的特征。例如，识别花和识别鱼所涉及的特征就会不一样，特征提取算法也会不同。这些都给计算机视觉的应用带来很大困难。

学习特征(learning features)是计算机视觉中特征提取的一种重要方法。其基本思想是：由算法设计人员给出特征提取的基本操作，算法从给定的数据中学习出特征的具体数值。和分类器设计过程中参数的学习一样，这样做对不同识别任务的适应性更强，方法更灵活。缺点是：需要提前收集和标注图像，对数据的依赖性很强。

这样一来，特征提取和分类器这两部分都是通过学习得到的。因此，函数 $f(x)$ 整体就是通过学习得到的。$f(x)$ 采用的一种主要模型为多层神经网络，也被称为深度神经网络。学习深度神经网络参数的方法被称为深度学习方法。

3.6　LeNet：一个图像识别模型

> LeNet 是由杨立昆和他的合作者于 20 世纪 90 年代提出的一个深度卷积神经网络模型。这个模型经过几年不断的改进，逐渐变得比较完善。
>
> 2012 年，杰弗里・辛顿和他的学生提出深度卷积神经网络 AlexNet，取得了图像识别竞赛冠军。
>
> 约书亚・本吉奥在 21 世纪初就开始使用神经网络方法研究自然语言处理，在深度神经网络方面做出了一系列出色的工作。
>
> 杰弗里・辛顿、杨立昆和约书亚・本吉奥因为深度学习共同获得了 2018 年度图灵奖。

下面以手写数字识别为例介绍一个简单的深度神经网络模型：LeNet，LeNet 结构如图 3-4 所示。

1．计算机中的图像

在计算机中，一张单色图像（俗称黑白图像）是由一个二维矩阵表示的。如图 3-5(a)是一张 16×16 的图像，图 3-5(b)是由一个 16×16 的矩阵表示的。矩阵中元素的取值为 0～255，被称作灰度。一般来说，灰度值越小对应图像上的像素越黑。

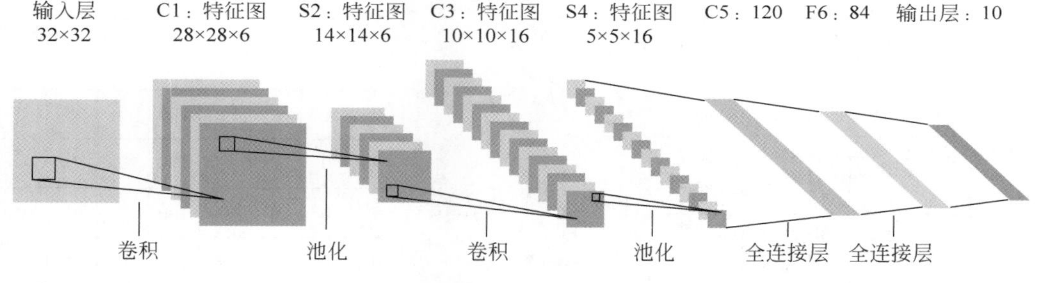

图 3-4　LeNet 结构

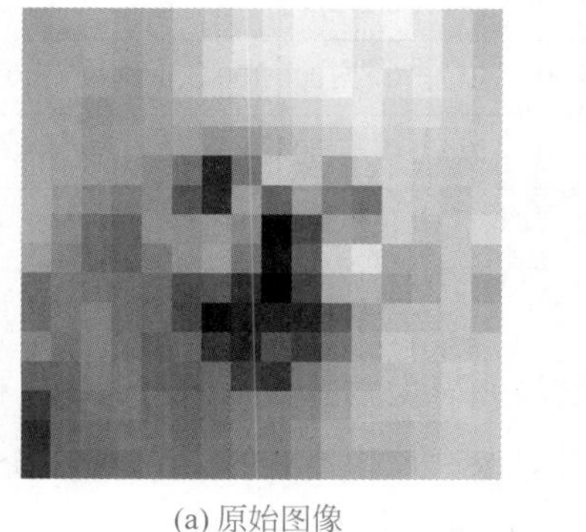

(a) 原始图像

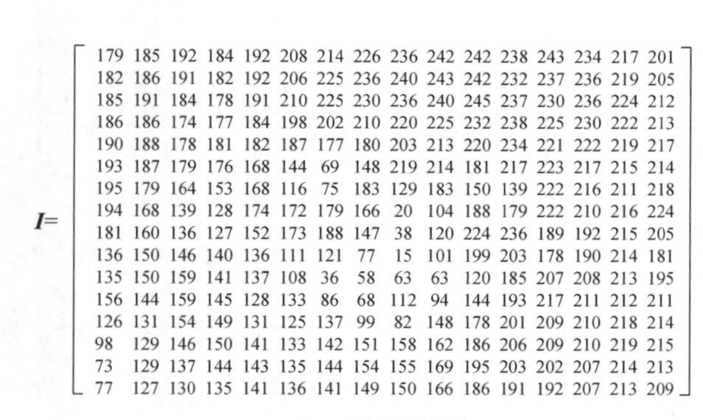

$$
I=\begin{bmatrix}
179 & 185 & 192 & 184 & 192 & 208 & 214 & 226 & 236 & 242 & 242 & 238 & 243 & 234 & 217 & 201\\
182 & 186 & 191 & 182 & 192 & 206 & 225 & 236 & 240 & 243 & 242 & 232 & 237 & 236 & 219 & 205\\
185 & 191 & 184 & 178 & 191 & 210 & 225 & 230 & 236 & 240 & 245 & 237 & 230 & 236 & 224 & 212\\
186 & 186 & 174 & 177 & 184 & 198 & 202 & 210 & 220 & 225 & 232 & 238 & 225 & 230 & 222 & 213\\
190 & 188 & 178 & 181 & 182 & 187 & 177 & 180 & 203 & 213 & 220 & 234 & 221 & 222 & 219 & 217\\
193 & 187 & 179 & 176 & 168 & 144 & 69 & 148 & 219 & 214 & 181 & 217 & 223 & 217 & 215 & 214\\
195 & 179 & 164 & 153 & 168 & 116 & 75 & 183 & 129 & 183 & 150 & 139 & 222 & 216 & 211 & 218\\
194 & 168 & 139 & 128 & 174 & 172 & 179 & 166 & 20 & 104 & 188 & 179 & 222 & 210 & 216 & 224\\
181 & 160 & 136 & 127 & 152 & 173 & 188 & 147 & 38 & 120 & 224 & 236 & 189 & 192 & 215 & 205\\
136 & 150 & 146 & 140 & 136 & 111 & 121 & 77 & 15 & 101 & 199 & 203 & 178 & 190 & 214 & 181\\
135 & 150 & 159 & 141 & 137 & 108 & 36 & 58 & 63 & 63 & 120 & 185 & 207 & 208 & 213 & 195\\
156 & 144 & 159 & 145 & 128 & 133 & 86 & 68 & 112 & 94 & 144 & 193 & 217 & 211 & 212 & 211\\
126 & 131 & 154 & 149 & 131 & 125 & 137 & 99 & 82 & 148 & 178 & 201 & 209 & 210 & 218 & 214\\
98 & 129 & 146 & 150 & 141 & 133 & 142 & 151 & 158 & 162 & 186 & 206 & 209 & 210 & 219 & 215\\
73 & 129 & 137 & 144 & 143 & 135 & 144 & 154 & 155 & 169 & 195 & 203 & 202 & 207 & 214 & 213\\
77 & 127 & 130 & 135 & 141 & 136 & 141 & 149 & 150 & 166 & 186 & 191 & 192 & 207 & 213 & 209
\end{bmatrix}
$$

(b) 二维矩阵表示

图 3-5　一张图像在计算机中的表示

一张彩色图像是由三个矩阵表示的。这三个矩阵分别对应图像中红、绿、蓝三个成分，也被称作三个通道（channels）。每个通道也是一张单色图像。

2. 卷积

卷积是针对图像的一个基本操作。卷积的结果是一张新图像。下面以例 3.2 来解释卷积的过程。

例 3.2 用图 3-6(b)为卷积核(convolutional kernel)对图 3-6(a)做卷积。图 3-6(a)是一个左边一半灰度值为 0,右边一半灰度值为 100 的图像。卷积就是按照下面步骤计算的过程。

步骤 1:把卷积核,也就是图 3-6(b)(是一个 3×3 的小图,也被称作是一个模板(template))和图 3-6(a)的左上角对齐。

步骤 2:把对应像素的值相乘,然后把所有的乘积相加,把最后的和作为一张新的图像中模板中心位置对应的像素值。

步骤 3:模板移动到一个新的位置,重复步骤 2。直到在所有的位置都完成了步骤 2 的计算。

经过上述的卷积计算就得到了图 3-6(c)。

0	0	0	0	0	100	100	100	100	100
0	0	0	0	0	100	100	100	100	100
0	0	0	0	0	100	100	100	100	100
0	0	0	0	0	100	100	100	100	100
0	0	0	0	0	100	100	100	100	100
0	0	0	0	0	100	100	100	100	100
0	0	0	0	0	100	100	100	100	100
0	0	0	0	0	100	100	100	100	100
0	0	0	0	0	100	100	100	100	100
0	0	0	0	0	100	100	100	100	100

(a)

−1	0	1
−1	0	1
−1	0	1

(b)

0	0	0	100	100	0	0	0
0	0	0	100	100	0	0	0
0	0	0	100	100	0	0	0
0	0	0	100	100	0	0	0
0	0	0	100	100	0	0	0
0	0	0	100	100	0	0	0
0	0	0	100	100	0	0	0
0	0	0	100	100	0	0	0

(c)

图 3-6 卷积示例

卷积这个概念来自数字信号处理,将其拓展到二维信号并简化之后就是例 3.2 的过程。用图 3-6(b)卷积核对图像中一个位置做卷积就等价于用图像中该像素右侧相邻的三个像素的灰度值减去左侧相邻的三个像素的灰度值然后求和的结果。因此,从图 3-6(c)可以看出,用这个模板做卷积就是在提取一张图像的竖方向的边缘。

由此还可以考虑设计别的模板来得到图像的横向、45°方向、135°方向的边缘,模板的大小不限于 3×3,也可以是 5×5、7×7 等。设计不同模板以得到不同类型的边缘特征是早期图像处理研究的一项内容。

边缘是图像的一种特征，卷积是在对图像做特征提取。纹理也是图像的一种特征。这些特征都可以通过卷积来实现，只是卷积核不同。在 2012 年之前，卷积核基本上是人工设计的。到了深度学习时代，卷积核是算法通过学习得到的。

3．激活函数

卷积之后得到的和可能很小，也可能很大。这个数值的大小对应于图像这个区域与卷积核匹配的强弱。如果很强，就说明这个区域很“符合”模板对应的特征，如果弱，就说明这个区域不太“符合”模板对应的特征。下一步，需要把这个强弱数值进行非线性映射。这就需要一个函数：激活函数（activation function）。

图 3-7 给出了四个常用的激活函数。图 3-7(a)是一个阶跃函数。这个函数很简单，对应于一个特征有或是没有（取值 1 或 0）。也就是说，如果卷积的结果比较强，它对应的神经元就激活，否则就不激活。图 3-7(b)是一个连续且光滑的函数，被称作 **Sigmoid** 函数，或 S 型函数。可以知道，当卷积的结果非常强，它对应的神经元的值就饱和了。缺点是这个函数计算起来比较复杂。相对来说，计算量有些大。图 3-7(c)可以看作图 3-7(b)的一个分段线性近似。也就是把图 3-7(b)的 S 型函数分成三段，每段使用一个线性函数近似。其计算比图 3-7(b)简单。图 3-7(d)被称作 **ReLU** 函数。

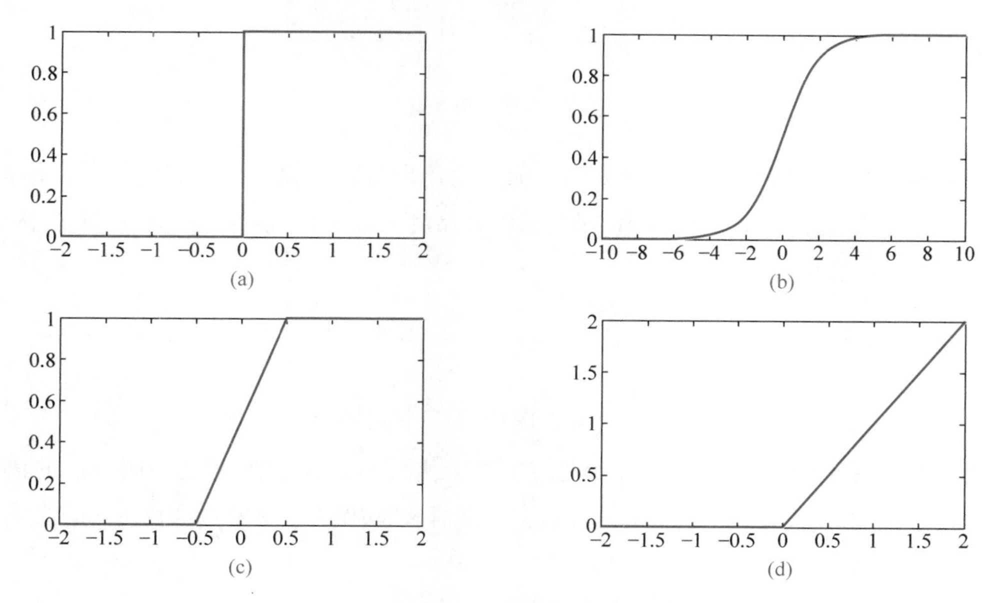

图 3-7　四个激活函数

上面列举的函数都是非线性函数。其作用是聚焦和强调输入的某部分的取值。理论分析结果表明，如果激活函数都是线性函数，这样的神经网络模型太简单，没有能力解决复杂的问题。

生物的神经细胞，也叫神经元，在接收到的刺激信号达到一定强度后，就会被激活。这个细胞就会把收到的刺激信号发送给其他的神经元。激活函数就是在模拟神经细胞这个功能。

4. 池化

池化(pooling)就是把一张图像缩小，也被称作降采样。例如，把图 3-8(a)左上角 2×2 中的图像小块变为图 3-8(b)中左上角的像素。对图 3-8(a)中其他的 2×2 的图像小块重复上述过程，得到图 3-8(b)中的其他像素。把 2×2 的图像小块缩小为一个像素的做法通常有两种，一种是对 2×2 的 4 个像素的灰度值求平均，作为缩小后的像素的灰度值。这种操作叫做平均池化(average pooling)，如图 3-8(a)到图 3-8(b)的过程。另一种是取 2×2 的 4 个像素中的最大值，作为缩小后的像素的灰度值。这种操作叫做取最大池化(max pooling)。

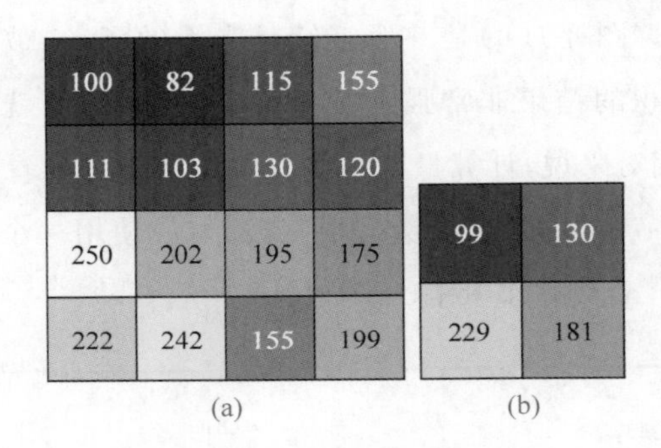

图 3-8 平均值池化

通常情况下，图像中的信息是冗余的。池化操作也是在去除冗余信息。池化操作把图像分辨率降低了，起到了省去图像中细节、在更大尺度上抽象图像特征的作用，类似于人远距离观察图像的效果。

5. 全连接层

图 3-9(a)是一个三层的全连接网络。图中每一个圆圈是一个神经元，左侧是输入层，中间是隐含层，右侧是输出层。每一个神经元节点要完成的操作就是把左侧节点的信号，加权求和(每条连线代表一个权重 w)，经过一个激活函数，作为这个节点的输出，如图 3-9(b)所示。

研究结果表明，这样具有一个隐含层的神经网络，可以实现对任意一个连续函数的逼近。因此，这样的网络具有解决复杂分类问题的能力。

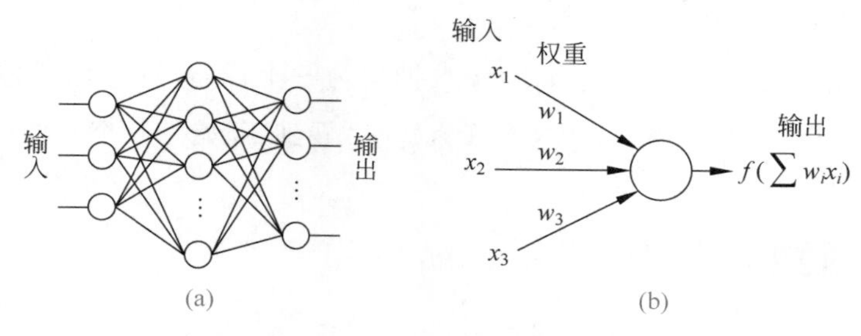

图 3-9 全连接网络

6. LeNet 结构

下面以图 3-4 为例，解释 LeNet 结构的工作过程。

给一张 32×32 的图像，用 6 个卷积核做卷积，然后再经过激活函数后得到 6 个特征图(feature maps)。使用的卷积核大小是 5×5。所以，特征图的大小是 28×28(上下左右各少了 2 个像素)。

对得到的 6 个特征图分别池化，池化后就得到 6 个 14×14 的特征图。

对这 6 个 14×14 的特征图用 16 个 5×5×6 的卷积核(三维的卷积核)做卷积并经过激活函数，所以得到 16 个 10×10 的特征图。继续池化得到 16 个 5×5 的特征图。

对这 16 个 5×5 的特征图做卷积，得到 120 个 1×1 的特征。把这 120 个特征输入给一个全连接网络。

在 LeNet 中，每一层的卷积核的大小和数量，池化的方式(平均池化或取最大池化)，全连接层数，每层的节点个数，以及卷积层、池化层、全连接层的先后关系都是提前由人确定好的。每一个卷积核的参数、全连接层中的权重系数都需要在训练阶段学习得到。

输入图像经过第一个卷积层，得到的是原图像的底层特征(low level features)。一般来说，这里提取的特征是一些不同方向的边、灰度在不同方向的过渡等。每一个卷积核对应一种特征，得到的特征图上能体现对应位置这个特征的强度。这里用了 6 个卷积核，因此提取了 6 个特征。

经过池化操作，图像变小了，其中的一个像素对应原图的 4 个像素。池化是对上一层图像进行抽象和概括。这样做是因为图像里很多像素包含的信息是冗余的。例如，如果图像是一朵红花，其中一个小块中的像素都是红的，实际上用一个点代表就够了。所以当图像像素的信息密集度没那么高，比较稀疏时，就可以对它抽象和概括。

在经过了抽象和概括的图上继续做卷积得到的就是更大范围、更综合、更抽象的特征。在第一次池化后，特征图上的 5×5 的区域对应原图 10×10 的区域。因此，在第二次用 5×5 的模板做卷积，相当于在 10×10 的原图上提取特征，这些特征涉及范围更大。由于池化时省去了很多细节，这里的特征也更抽象。

在输入到全连接层之前，每张原始图像被抽象为一个像素，这个像素包含了整张图像的某些信息，因此人们有时候说，最后这个像素能够"看到"原始的整个图像。

3.7 目标函数与优化

要做一个图像识别问题，首先要确定神经网络结构，其中包括在什么地方包含哪些层，每一层的节点个数等。结构确定后，就需要确定神经网络的参数。前面介绍过，这些参数通常是通过学习得到的。

算法如何学习到这些参数？现在通常的做法是：对于给定的神经网络，首先随机给出一组参数(包括卷积核的参数和全连接层的权重参数)。当然，这时的神经网络性能一般不太好，因此就需要对神经网络的参数进行调整，让这个神经网络越来越好。

一般来说，可以用一个函数来度量神经网络的性能，并调整神经网络参数使得这个函数更优。这个函数被称作目标函数(objective function)。

对于一个图像分类问题来说，下面就是一个神经网络的目标函数：

$$\sum_{i=1}^{N} \mathcal{L}(f_\theta(\boldsymbol{x}^{(i)}), \boldsymbol{y}^{(i)}) \tag{3-1}$$

式中，N 是图像数量；$f_\theta(\boldsymbol{x}^{(i)})$是神经网络在输入为第 i 张图像 $\boldsymbol{x}^{(i)}$ 时的输出，下角标 θ 表示神经网络的参数；$\boldsymbol{y}^{(i)}$ 是第 i 张图像的正确类别标号；$\mathcal{L}(f_\theta(\boldsymbol{x}^{(i)}), \boldsymbol{y}^{(i)})$是对第 i 张图像度量神经网络输出和正确标号之间差异的函数。例如，可以采用 $f_\theta(\boldsymbol{x}^{(i)})$，$\boldsymbol{y}^{(i)}$ 这两个向量各分量差的平方和的形式。

对于小丑鱼和三色神仙鱼的分类来说，由于是两类分类问题，所以神经网络的输出可以是两个节点。可以约定，小丑鱼的输出为[1,0]，三色神仙鱼的输出为[0,1]。当输入一张图像 $\boldsymbol{x}^{(i)}$ 时，网络的实际输出 $f_\theta(\boldsymbol{x}^{(i)})$就是一个二维向量。目标函数就是每一张图像的实际输出和对应的标号向量[1,0]或[0,1]计算各分量差的平方和。

确定了目标函数，就可以采用一个优化算法，根据当前神经网络的输出和正确标号之间的差异，调整神经网络参数。然后再次度量神经网络的输出和正确标号之间的差异，再次调整神经网络参数。这是一个迭代过程。目前优化神经网络参数的迭代算法叫反向传播算法，简称 **BP** 算法。

虽然 BP 算法比较复杂，但是它采用的优化思想还是比较容易理解的。考虑图 3-10 所示的函数求极小值问题。如果在自变量 x_i 处的函数值为 $f(x_i)$，那么按照下式更新自变量就可以让 $f(x_{i+1})$更小。

$$x_{i+1}=x_i-\eta f'(x_i) \tag{3-2}$$

式中，$f'(x_i)$表示函数在 x_i 处的导数，也就是函数在 x_i 处切线的斜率；η 是学习率，随着迭代次数的增加 η 逐渐变小。直观来看，当 x_i 在极小值左侧，这时的导数是负值，x_{i+1} 会变大，因而 $f(x_{i+1})$更大。反之，如果 x_i 在极小值右侧，这时的导数是正值，x_{i+1} 会变小，因而 $f(x_{i+1})$更小。

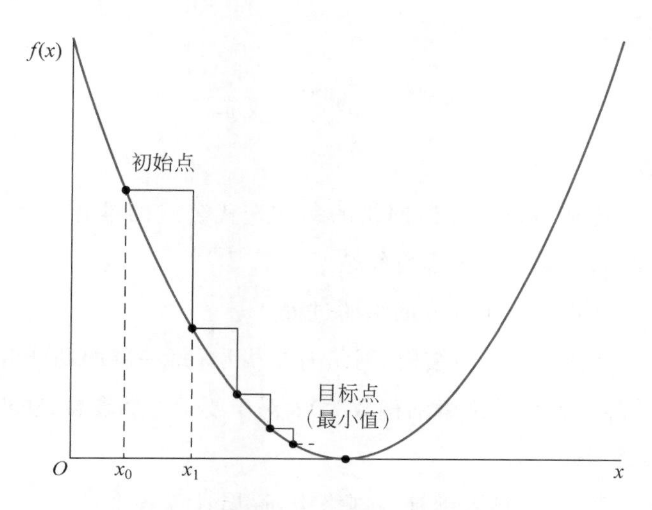

图 3-10　梯度下降法求函数极小值示例

因此，该算法就可以采用如下步骤：

(1) 首先随机给一组参数的初始值；

(2) 按照式(3-2)更新参数，直到函数值的变化很小。

上述方法叫做梯度下降法。这种方法要求要优化的函数是可导的。如果函数在有些点不可导，也有方法处理这些特殊情况。采用梯度下降法只能保证得到初始值附近的极小值，不能保证得到全局最小值。

当然，函数 f 在极小值处切线的斜率(导数)是 0。对于一些函数，可以令函数的导数为 0，然后求解自变量的值。但是可以这样求解的情况在实际问题中不多。

考虑图 3-9(b)这样一个非常简单的神经网络，有 p 个输入，没有中间隐含层，只有一个输出节点。这样，输出节点就是输入特征和神经网络参数的函数

$$f(\boldsymbol{x}^{(i)})=\phi\left(\sum_{j=0}^{p}\boldsymbol{w}_j\boldsymbol{x}_j^{(i)}\right) \tag{3-3}$$

式中，$\boldsymbol{w}_j$ 是第 j 个特征到输出节点的权重参数；$\boldsymbol{x}_j^{(i)}$ 是第 i 张图像的第 j 个特征。要优化的目标函数是

$$E=(f(\boldsymbol{x}^{(i)})-\boldsymbol{y}^{(i)})^2 \tag{3-4}$$

它度量的是第 i 张图像输入到神经网络后得到的输出 $f(\boldsymbol{x}^{(i)})$和标签 $\boldsymbol{y}^{(i)}$之间的误差。

根据梯度下山法的思想，需要计算目标函数 E 在 $\boldsymbol{w}_j$ 处的偏导数

$$\begin{aligned}\frac{\partial E}{\partial \boldsymbol{w}_j} &= 2(f(\boldsymbol{x}^{(i)}) - \boldsymbol{y}^{(i)})\frac{\partial(f(\boldsymbol{x}^{(i)}) - \boldsymbol{y}^{(i)})}{\partial \boldsymbol{w}_j} \\ &= 2(f(\boldsymbol{x}^{(i)}) - \boldsymbol{y}^{(i)})\phi'\left(\sum_{j=0}^{p}\boldsymbol{w}_j\boldsymbol{x}_j^{(i)}\right)\boldsymbol{x}_j^{(i)}\end{aligned} \tag{3-5}$$

并按照下式更新权重参数

$$\boldsymbol{w}_j^{(n+1)} = \boldsymbol{w}_j^{(n)} - \eta\frac{\partial E}{\partial \boldsymbol{w}_j} \tag{3-6}$$

式中，n 是迭代次数。

上面是针对一个特别简单的神经网络的参数迭代公式的推导。对于一个复杂的神经网络，思路也是类似的，只是推导过程更复杂了。

下面给出使用图像训练一个神经网络的过程。

第一步：确定一个神经网络的结构（网络有多少层，每一层的功能和神经元个数，网络的连接方式，每个神经元使用什么激活函数等）；对于要学习的参数，随机给定一组初始值；给定一组图像及其类别标号。

第二步：选择一张图像，输入到神经网络中，逐层计算各个神经元的值，最后在输出端计算神经元的输出和图像标号之间的误差 E。

第三步：计算 E 对每一个待学习的参数的偏导数，并利用式(3-6)更新该参数。

第四步：如果神经网络已经收敛，则算法停止。否则，回到第二步。

3.8 端到端

在神经网络参数的学习过程中，它可以对神经网络输入端到输出端的所有参数在每一轮的学习中调整和优化，因此这个过程叫“端到端”(end-to-end)的优化。

在前面描述的传统方法中，特征提取和分类器设计是两个阶段。通常来说，这两个阶段是由不同的人完成的，因此这两个阶段是分开的。这样做的一个潜在问题是：特征提取虽然可能看起来做得很好，但是未必适合后面的分类器。之所以把这两个阶段分开做，主要原因是这两个任务都很难，如果要对这两个阶段联合优化，就更难了。

端到端优化的好处是能够很好地把特征提取和分类器设计联合起来，使得神经网络的性能更优。特别是当训练集发生了变化，需要重新调整神经网络参数时，端到端的优化就会更简单和灵活。

实现端到端训练的关键是，模型在输出端的误差函数能够把误差信号传递到模型所有要调整的参数上。对于深度卷积神经网络，能够实现误差函数对模型的每一个参数求偏

导，因此使端到端训练成为可能。当特征提取和分类器设计分成两个阶段时，分类错误的信号就很难传递到特征提取阶段。

对于一个一般意义上的一个大工程，人类专家仍然是把大工程分解为一些子任务，然后分阶段完成各个子任务。因此，现实中的大工程的实施，通常都不是端到端的。

3.9　表示学习

在神经网络的训练过程中，特征提取的参数是通过学习得到的，在这个模型中，特征不是人为设计的，而是通过学习得到的。这也叫特征学习过程。研究发现，通过算法学习得到的特征在一些任务上要比人设计得更好。

特征其实是对图像的一种表示。在机器学习和人工智能中，人们知道，好的表示是解决问题和完成任务的关键。因此，当特征可以通过学习得到时，表示学习（representative learning）就得到了特别重视。2013 年创建了一个新的专门的会议：国际表示学习大会（International Conference on Learning Representations）。只经过了几年的时间，这个会议已经成为机器学习领域最好的会议之一了。

3.10　特征的可视化

神经网络学习到的是什么特征？对此，人们做过一些研究。下面以手写数字识别任务为例来讨论。

神经网络第一层得到的特征基本上是一些底层特征：不同方向的边的片段。如图 3-11 所示，其中特别亮或者特别暗的线段就是提取的底层特征。因为卷积核通常都很小，只有 3×3、5×5，因此得到的特征往往不具有明确的语义。各种图像都可能具有这样的特征。实际上，在传统的计算机视觉的研究中，已经有这样的研究成果：图像都是由一些基本图像片段拼接构成的。

池化后再做卷积得到的特征就更为复杂。因为池化后的每一个像素代表原图的更大的区域，所以这里提取的特征就包含了更复杂的模式。在手写数字识别这个任务上，后面提取的特征就会出现弯曲的笔画。再往后如果还要做池化和卷积，提取的特征可能会包含整个数字图像的信息。如果这时图像还很大，就可以看到整个数字的形状信息。

所谓底层特征，是指这个特征本身没有语义成分，比如一个斜边特征并不表示是哪类物体。很多的物体都可能有斜边特征。高层语义特征就包含了语义信息，如手写数字形状。

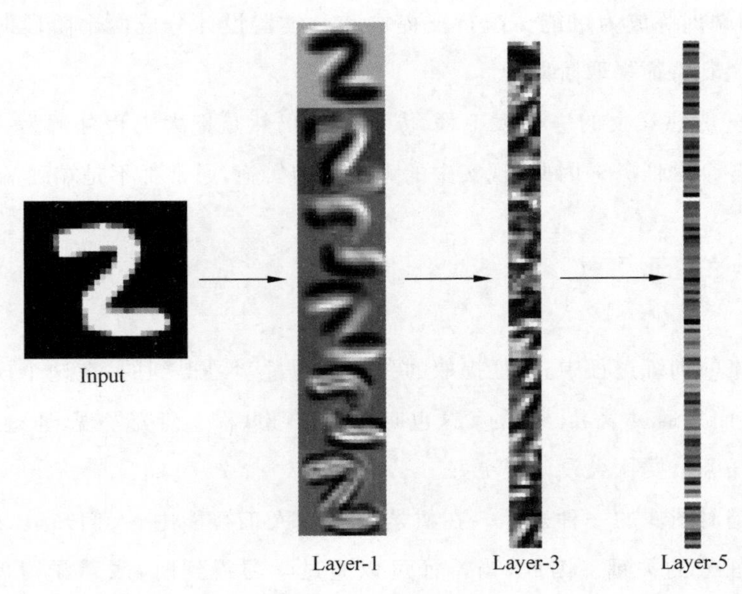

图 3-11　特征的可视化

一个多层神经网络开始提取的特征通常是底层特征。这些特征因为是底层特征，和要完成的图像识别任务关系不大。这样，这些特征就可以用于其他分类任务。例如，用人脸图像训练得到的底层特征也可以用于手势识别任务。而后面的一些层提取的高层特征和图像识别任务相关，这些特征会因为训练集的不同而不同。

3.11　其他神经网络模型

LeNet 是 20 世纪 90 年代提出的模型。从 2012 年开始，又有一些具有广泛影响的模型被提出。下面列举几个。

- AlexNet
- VGG
- Inception
- ResNet
- DenseNet
- U-Net
- ViT(vision transformer)

除了 ViT，上面这些模型的基本操作都是卷积、池化、全连接，但是这些操作的先后顺序、连接方式不一样。由于视觉任务的多样性，以及每个具体任务的特殊性，研究人员设计出了不同的具有很多变化的神经网络结构，但是基本操作都是卷积、池化、全连接。

2017 年有一个新的模型 Transformer 被提出，它是针对自然语言处理提出的模型。ViT 是基于这个模型的视觉模型。

3.12　一些计算机视觉成功案例

2012 年以后，使用深度神经网络模型在一些计算机视觉任务上取得了很好的性能，也有一些计算机视觉产品成功落地。例如，人脸识别（用于安检和考勤）、文字识别（拍一张带有文字的照片，检测并识别其中的文字）、视觉工业产品检测等。下面再举几个例子。

1. 视网膜病变筛查系统

这是谷歌公司完成的用于视网膜病变筛查的系统。该系统根据视网膜图像判断该图像是否是病变图像。评测结果表明，该系统与眼科医生的判断水平持平。

2. 皮肤癌识别系统

这是斯坦福大学完成的一个系统。该系统通过图像来识别患者对应的是哪一种皮肤癌。报告说，在最常见的和最致命的皮肤癌的诊断上，该系统的表现已能达到皮肤科医生水平。

3. 围棋

DeepMind 完成的 AlphaGo 程序在 2016 年的人机围棋比赛中战胜了韩国名将李世石。本书搜索章节曾描述和介绍了下棋问题及其采用的方法，也讨论过采用传统的搜索方法下围棋的困难。AlphaGo 把围棋表示为一张图像，并采用深度卷积神经网络来识别这张图像。这一模块在 AlphaGo 中有重要作用。

3.13　深度神经网络方法为什么能在计算机视觉一些任务中取得成功

上面列举的深度神经网络模型在图像识别这类任务上可以达到很高的性能。原因如下：

1. 大量的数据

下面以文字识别任务为例解释。如果要一个深度神经网络识别清华的“清”，就需要把

“清”的不同的字体、不同的倾斜、不同的背景噪声、不同的各种污染图像(如图 3-12)都提供给这个神经网络进行训练。所以它“见”过这个字足够多的变化的图像。因此,在应用时,见到一个“清”,它就能识别出来。这里数据的多意味着有足够的量和足够的变化。只是把一个“清”字复制几百万份是没有意义的。如果应用时出现了一个训练神经网络时没有的、并且是非常特殊的字体,那么它可能也识别不出来。随着图像采集设备的普及和方便,以及互联网越来越发达,获得大量的图像数据成为可能。

图 3-12　变化多样的大量的数据

2. 模型特别大

性能特别好的神经网络层数特别多,宽度特别大。从机器学习的角度看,这个模型有“能力”学会解决复杂的任务。

3. 学习特征

学习特征是非常关键的。在图像识别中,很多特征可能不是人们能够设计出来的,或者不能设计得这么好。

4. 计算机的能力

在 20 世纪 90 年代使用的神经网络模型和现在相比非常小。当时的计算机硬件水平还远远不能支持目前神经网络模型的计算。在深度神经网络时代,计算机硬件水平,特别是

GPU(图形处理器)的高性能,为达到高的图像识别性能起到关键作用。

3.14　计算机视觉任务的困难

由深度神经网络取得成功的原因可以知道,采用深度神经网络模型实现一个高识别率的图像识别系统,需要大量标注好的数据。但是在一些实际应用中,得到满足要求的大量好的数据是困难的。

对于有些图像识别任务,可以获得大量的数据,但是要标注这些数据需要花费大量的人力和费用,如人脸识别、交通标示识别、花草树木的识别等。要做一个人脸识别系统,我们可以聘请很多人拍人脸照片,并标注这些图片是谁,人脸在图像中的位置。尽管这样代价很高,但还是可以很好地完成的。

对于有些图像识别任务,虽然存在大量的数据,但是要收集和使用这些数据存在困难。如医疗和健康数据。很多医院都保存有大量的医学图像,如 CT 图像、癌症病理图像等。但是由于这些数据的特殊性,使用这些数据是存在限制的。

对于有些图像识别任务,不存在大量的数据,这是图像识别任务中最难的部分。例如,医学中罕见病的图像数据。对于这些罕见病,全世界已有的病例和数据非常少。

深度神经网络时代,还有一些计算机视觉任务完成的不好。其困难主要来源于下面几个方面。

1. 三维

我们生活在一个三维世界。而图像是一个三维的物体在二维平面的一个投影。在这个投影中,损失了大量的信息。而图像识别任务是需要根据二维图像推断这个三维物体。如图 3-13(a)是一个简单图像。在识别这个图像时,人们会认为这是一个空间的立方体在一个平面的投影,如图 3-13(b)所示。但实际上,在三维空间,还存在其他一些物体也可以呈现出图 3-13(a)的投影成像。

人在看到图 3-13(a)时,会自然地认为这是一个三维空间的立方体,而不太会是其他物体。为什么会这样?一个可能的原因是人见到的大量类似图 3-13(a)的图像都是一个三维立方体投影的结果,而几乎没有见过图 3-13(c)中其他可能存在的物体。因而,大脑在图 3-13(a)和三维立方体之间建立了一个简单映射。这样,人一旦看到图 3-13(a)就判断这是一个立方体。这样的映射大大方便了人们的生活。但是根据图 3-13(c)可以知道,这样的简单映射会出错。

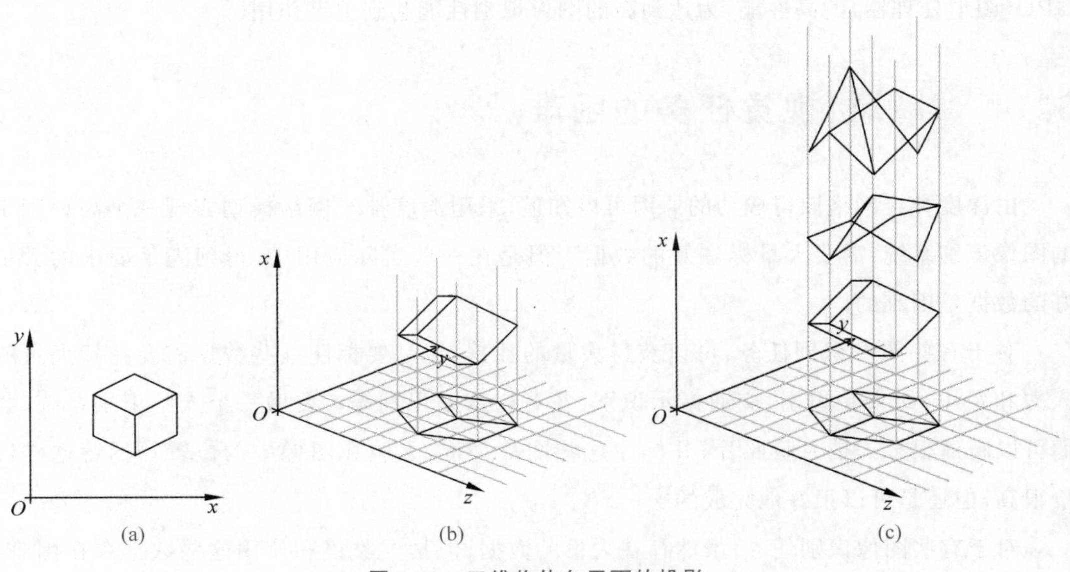

图 3-13　三维物体向平面的投影

2．姿态

有很多物体会有不同的姿态。例如，人、动物。从图像呈现出的物体的外观来看，站立的人、奔跑的人、翻腾中的人非常不同。这给有些计算机视觉任务（如动作识别）带来了困难。

有时人们希望一个软件系统能够把一场篮球赛中投篮的所有视频片段都找到，这就是一个动作识别任务。在这个任务中，每一个运动员身体外观不同，不仅如此，不同人的投篮动作也会有差异，图像拍摄角度、拍摄现场光线都可能不同。此外，一个动作不是一张图像决定的，是一个图像序列决定的。由于投篮动作涉及的因素很多，如果使用上述深度神经网络方法就需要更大量的数据的收集和标注，这就是一个非常困难的问题。

3．光照

图像离不开光照。同样的物体在不同的光照下会呈现不同的样子，如图 3-14 所示。当前的人工智能技术要求训练模型使用的数据集中包含实际使用时所涉及的不同的光照情况。这一要求在很多工业产品检测中往往是可以满足的，因为在生产线上，光照系统可以保持相对稳定不变。但是在自然场景下，光照状况千差万别，这给数据收集带来了困难。

4．遮挡

通常情况下，三维世界的物体不存在叠加，但是二维图像中会出现物体之间的遮

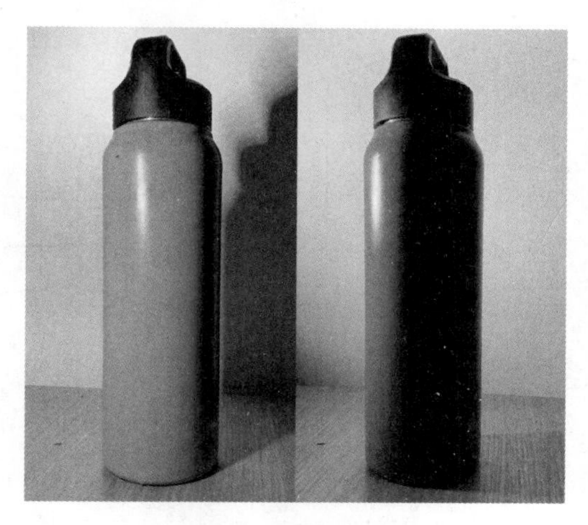

图 3-14 光照的影响

挡问题。在遮挡情况下，需要视觉系统根据物体的一部分图像外观来识别物体。和计算机听觉和自然语言处理相比，这是计算机视觉问题的一个特点，也是视觉问题的一个难点。

在有些计算机视觉任务中，上述的一个因素，或者几个因素都同时存在，这就给视觉任务的完成带来了挑战和困难，如自然场景下人体动作的识别。

如果要识别车站广场上的人脸，就会出现上面的困难。这时人脸的朝向、周围的光照、人之间的遮挡都导致这个问题变得非常复杂和困难。自然场景下人体动作和事件的识别也存在类似的困难。

3.15 人类视觉和计算机视觉之间的比较

根据当前的技术现状看，人类视觉和计算机视觉存在一些差异，也因此各有特长。

人看一个物体是一个感知的过程，而计算机看图像是一个测量过程。人会认为如图 3-15 所示的两条红线（粗线）长度完全不同。而计算机看到的是每个位置红绿蓝的数值，会计算出这两条线的长度是相同的。

有些工作适合由人来做，而有些任务特别适合计算机来做。基本上计算机视觉系统适合完成具有如下特点的任务。

1. 观察图像中的细节

有些视觉任务需要根据图像中非常细节的差异来判别图像，这些任务适合计算机来做。例如，指纹识别、虹膜识别，就是依赖图像中的细节差异来判断图像是来自哪一个人。

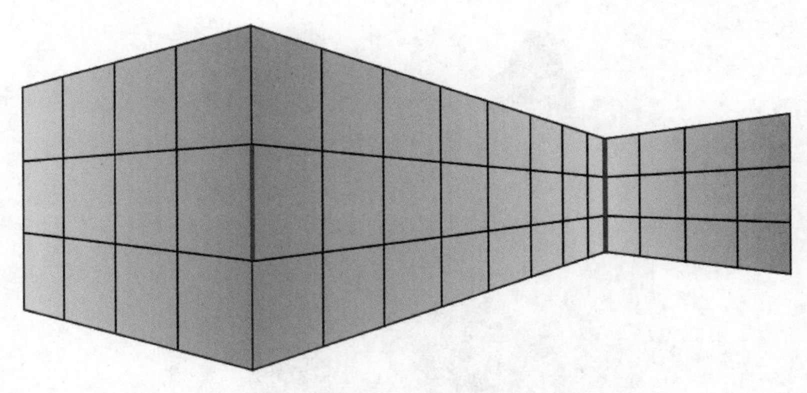

图 3-15　感知和测量

指纹识别需要寻找纹线的端点，并根据纹线的端点之间的关系来判定，如图 3-16 所示。虹膜识别需要提取图像中纹理，并根据纹理差异来判定。

图 3-16　指纹图像

2. 重复做同一件事

有些视觉任务需要长时间重复做同一件事情，这类任务非常适合计算机来做，如工业产品质量检测、视频监控等。人在做这类任务时，不只会出现疲劳的现象，还会“熟视无睹”：一个熟悉的场景中有些小的变化（一盆花中少了一片叶子，书架上多了一本书），或者不明显的变化（一个房间桌上的物体改变了）很难让人觉察出来。

3. 需要精细计算和操作的任务

有些任务是需要通过精细计算和操作才能做好的任务。这类任务适合计算机来完成。如图 3-17 所示的(a)、(b)是从不同位置和角度拍摄的同一场景。对这两张图像拼接就不是人擅长的任务。

(a)

(b)

图 3-17　图像拼接

3.16　进一步学习的内容

图像的边缘提取、灰度调整、图像去噪等内容一般会放在“图像处理”，或“数字图像处理”一类的课中讲解。可以搜索“图像处理”找到相关的教材、课程和资料。

很多大学都开设了“计算机视觉”课程。也有很多计算机视觉方面的书籍。这些都会系统地介绍计算视觉的理论、方法等内容。

此外，计算机视觉方面的论文也会在专门的国际学术会议和杂志上发表。下面是三个在计算机视觉方面很有影响力的会议。

IEEE Conference on Computer Vision and Pattern Recognition

International Conference on Computer Vision

European Conference on Computer Vision

下面是五个在计算机视觉方面很有影响力的杂志。

Transactions on Pattern Analysis and Machine Intelligence

Pattern Recognition

International Journal of Computer Vision

Computer Vision and Image Understanding

Foundations and Trends in Computer Graphics and Vision

扫描二维码可以读取关于计算机视觉方面的课程、教材、会议等信息。

大卫・马尔(David Marr)

大卫・马尔是神经系统学家与心理学家，是计算神经科学创始人。他提出了视觉处理模型。其重要成果被收录于著作 *Vision*。在计算机视觉领域世界顶级的学术会议之一，计算机视觉国际大会(ICCV)上评选出的最佳论文奖，叫“马尔奖”(Marr Prize)。获得该奖项被看作计算机视觉研究方面的最高荣誉之一。

进一步学习的内容

练习

1. 图像边缘检测。

在传统计算机视觉的图像边缘检测任务中，常使用特定算子对图像进行卷积操作，提取图像的边缘信息。一种常用的算子是 Sobel 算子，它存在水平和垂直方向的两个卷积核 $\boldsymbol{G}_x$ 和 $\boldsymbol{G}_y$，可以检测水平和垂直方向上的边缘。这两个卷积核分别为

$$\boldsymbol{G}_x = \begin{bmatrix} -1 & 0 & 1 \\ -2 & 0 & 2 \\ -1 & 0 & 1 \end{bmatrix}$$

$$\boldsymbol{G}_y = \begin{bmatrix} 1 & 2 & 1 \\ 0 & 0 & 0 \\ -1 & -2 & -1 \end{bmatrix}$$

请编写代码，使用 Sobel 算子对一张图像提取边缘，并显示原始图像、水平边缘和垂直边缘图像。

2. 使用梯度下降法求函数最小值。

对于函数 $f(x)=2x^2-4x+2$，使用梯度下降法求解函数的最小值。给出算法迭代过程，分析不同的初始点和学习率对迭代过程的影响。

3. 对于图 3-11(b)的神经网络：

$$\boldsymbol{y} = f\left(\sum_{i=1}^{3} \boldsymbol{w}_i \boldsymbol{x}_i\right)$$

式中，$\boldsymbol{y}$ 是网络的输出结果，$\boldsymbol{w}_i$ 是需要学习的网络权重，$\boldsymbol{x}_i$ 是网络的输入，f 是激活函数。如果有一个输入向量 $\boldsymbol{x}=[0.5,0.4,0.8]$，当激活函数为 ReLU 函数并随机给 $\boldsymbol{w}_i$ 取值时，计算对应的 $\boldsymbol{y}$。

4. BP 算法。

对于图 3-11(b)的神经网络：

$$\boldsymbol{y} = f\left(\sum_{i=1}^{3} \boldsymbol{w}_i \boldsymbol{x}_i\right)$$

式中，$\boldsymbol{y}$ 是网络的输出结果，$\boldsymbol{w}_i$ 是需要学习的网络权重，$\boldsymbol{x}_i$ 是网络的输入，f 是激活函数。当激活函数分别为 ReLU 函数和 Sigmoid 函数时，求 $\boldsymbol{y}$ 关于 $\boldsymbol{w}_i$ 的导数。在使用 BP 算法求解最优的权重时，给出权重的更新公式。

5. 彩色图像处理。

在计算机中，彩色图像是由红色(R)、绿色(G)和蓝色(B)三个通道组成的，每个通道都是一个二维矩阵，表示图像上每个像素点在该通道的强度值。

由于人眼对绿色的敏感度最高，对红色次之，对蓝色最低，在将彩色图像转化为灰色图像时，通常需要考虑不同颜色通道的亮度对灰度值的影响，采用加权平均的方法。即灰度值＝0.299R＋0.587G＋0.114B。

现在，请把一个彩色图像转化为灰度图像，并且将图像的长宽各缩小 1/2。

6. 百度提供了一个在线训练模型的网站：https://ai.baidu.com/easydl/。请利用这个网站对一个图像分类模型训练。可以扫描二维码阅读对这个网站的操作文件。

在线训练
模拟网站

7. 手写数字识别任务。

MNIST 数据集是机器学习中一个传统的简单数据集，其中包含了数字 0～9 的手写图像，每张图像大小为 28×28 像素。LeNet-5 的结构如图 3-6 所示。请使用 PyTorch 或者其他深度学习框架搭建 LeNet-5 网络，对 MNIST 手写数字数据集进行识别。要求显示模型训练过程中的损失变化曲线，并输出训练集和测试集上的准确率(MNIST 数据集可以通过 torchvision.datasets 库加载)。

第4章　计算机听觉

声音是人们交流、娱乐的一种重要媒介。历史上，人们对声音产生（如演奏乐器）、改变（如剧场、扬声器）、记录（如录音）、传播（如电话）做过研究。而计算机听觉关注的是对声音的自动理解。通俗地说，计算机听觉就是希望计算机能够通过“听”来知道什么东西在什么地方，或谁在什么地方做什么。例如，根据一段声音可以知道有孩子们在嬉笑游戏；根据一段音乐可以知道是二胡演奏的“二泉映月”；根据一段语音知道说话人在说什么内容。人们也希望计算机听觉系统能够理解周围的环境、通过声音和人沟通和交流、让人娱乐和游戏。

4.1　计算机听觉的任务

基本上，计算机听觉涉及三类不同类型的声音信号：语音、音乐、环境音。而下面的两个任务和声音的类型无关。

声音定位：就是根据声音确定发出声音的位置。在一个会议室里，如果确定了说话人的方向和位置，就可以让一个视频会议系统的麦克风指向发声（如说话人）的地方，同时摄像头也可以转向说话人。

声音分离：当几个声音同时发出时，就会发生声音混叠。在有些情况下，需要把几个混叠的声音分离。例如，需要在背景嘈杂的录音中，识别其中某一个人说话的内容；或者想知道有音乐伴奏的情况下人在说什么，伴奏的是什么乐曲等。

在现实生活中，针对不同类型的声音，要完成的任务也会不同。

1. 语音

语音指人说话的声音。对于这类声音，会有下面的任务。

语音合成：在这个任务中，需要把文本转化成对应的声音。例如，人们去银行办理业务，会听到类似“请16号顾客到8号柜台”的声音。这就是语音合成的结果。语音合成技术在2000年后在一定程度上可以实际应用了。在2010年后的深度学习时代，语音合成技术得到了进一步发展，已经得到了比较广泛的应用。

语音识别：语音识别就是把语音转换成为对应的文字。语音识别是和语音合成相反的过程。语音识别是深度学习第一个成功应用的范例。虽然还存在一些需要研究的问题，但是语音识别技术已经可以广泛应用。例如，在微信中人们可以通过语音输入一段文字，人们也可以把以前的录音转换成文字稿，还可以通过语音识别来写文章。

语言识别：这个任务就是要确定给定的语音是在说什么语言。有时候，人们想知道别人在说什么语言。例如，一个语音识别系统，可以先完成语言识别，然后再进行语音识别。这时，语言识别是语音识别的第一步。

说话人识别：这个任务就是要确定一段语音的说话人是谁。说话人识别的一个应用就是做个人身份认证。例如，在一个门禁系统中，通过让人回答一个特定的问题，识别说话人是否是某个人。其功能类似于指纹识别、虹膜识别。

语音的情绪识别：这个任务是要确定说话人的情绪。例如，一个自动语音问答系统，需要识别用户当时的情绪是满意、喜悦还是愤怒等。

2. 音乐

乐器识别：确定一段音乐的演奏乐器是什么。例如，确定这是琵琶演奏的乐曲。

作曲家识别：确定一段音乐的作曲人是谁。例如，确定这是冼星海的作品。

音乐作品识别：确定一段音乐是哪个作曲家的哪部作品。例如，确定这是李焕之的《春节序曲》。

和弦的识别：和弦是指有一定音程关系的一组声音。这个术语理解起来有点困难。通俗地说，就是需要确定听到的这个复合声音是钢琴上哪几个键同时按下去的声音。比如，同时按下“do、mi、sol”，会听到一个丰富、和谐的声音。根据这个声音判断是“do、mi、sol”，而不是其他键的组合。这个任务对于自动记谱、音乐分析很有帮助。

自动记谱：把一段演奏的音乐转变成对应的五线谱。相对于普通大众，音乐方面的专业人员更需要这个功能。自动记谱完成后，便于对音乐做更多的研究、编辑、创作、演奏。

音乐生成：根据需要生成一段音乐。

3. 环境音

对这类声音，需要完成的任务也叫声音的事件检测和识别(acoustic event detection and classification)。例如，根据一段声音可以知道一辆火车开过去了，有一个婴儿在哭，树叶沙沙作响。这有助于通过声音理解环境。

4.2 声音相关的基本概念

不管是语音、音乐，还是环境音，声音本身都有两个重要属性：振幅和频率。要介绍这两个概念，先从简单的正弦波开始。

中学数学教材里都有如图 4-1 所示的正弦函数的内容。敲击音叉时人们听到的声音就对应于这样一个正弦函数，也称为正弦波。其中，A 是振幅(amplitude)。A 越大，发出的声音就越响，或者说强度越大。在正弦波的图像上，A 对应的是波形在纵坐标方向上的最大值。周期(period)T 是正弦波从一个最大值到下一个最大值所用的时间(横坐标时间轴上的跨度)。f 是频率(frequency)，就是 1s 内重复的周期个数，单位 Hz。所以有 $T=1/f$。频率和音高关系密切。例如，一个频率为 440Hz 的声音就对应钢琴上的 $A4$ 音的基频，这是一个国际标准。

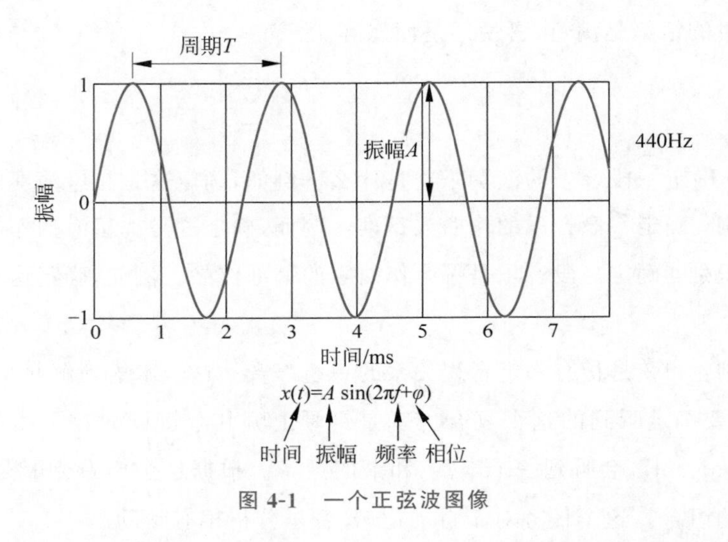

图 4-1 一个正弦波图像

人们都知道，声音可以叠加。如图 4-2 所示，把频率为 220Hz、660Hz、1100Hz 的信号叠加在一起就得到了一个比较复杂的波形。这个复杂的波形的声音听起来不像单一的频率 220Hz 那样单调，而是更丰富和舒服一点。

如何得到一个信号(函数)$x(t)$的频率？如果 $x(t)$是多个正弦函数的叠加，它的频率就由各个正弦函数的频率构成。如果 $x(t)$ 比较复杂，可以通过傅里叶变换(Fourier transform)(傅里叶变换是大学数学里的内容，涉及了一个高等数学里的运算：积分)得到其中包含的所有频率成分。傅里叶变换就是对 $x(t)$作如下变换：

$$X(f)=\int_{-\infty}^{\infty} x(t)\mathrm{e}^{-\mathrm{j}2\pi f t}\,\mathrm{d}t$$

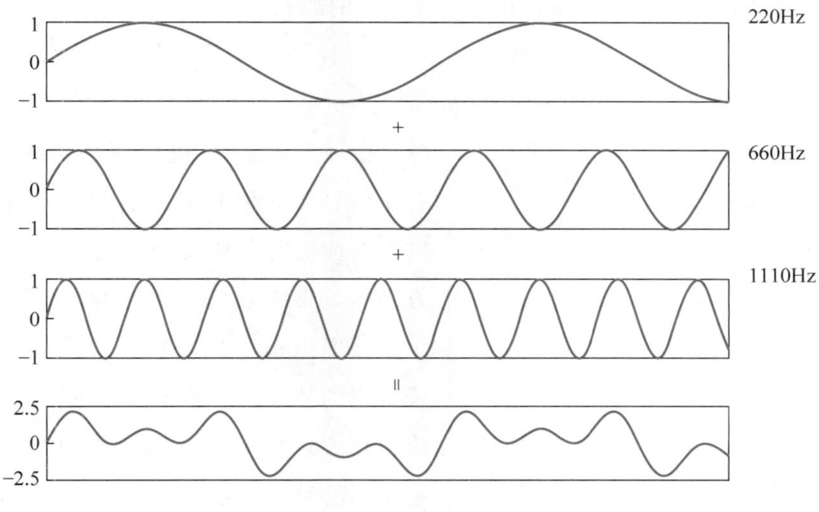

图 4-2　几个不同频率波形的叠加

式中，$x(t)$是原函数，表示 t 时刻声音的大小；$X(f)$表示这个信号在频率 f 处的大小，其图像横轴是频率，纵轴是它的大小。

如果对正弦函数作傅里叶变换，就会得到一个这样的结果，如图 4-3(a)所示：只在 440Hz 这个位置上有一个脉冲，别的地方都是 0。

如果对图 4-2 的正弦波叠加信号作傅里叶变换，得到的是在 220Hz、660Hz、1100Hz 这些位置上的脉冲，别的地方都是 0，如图 4-3(b)所示。

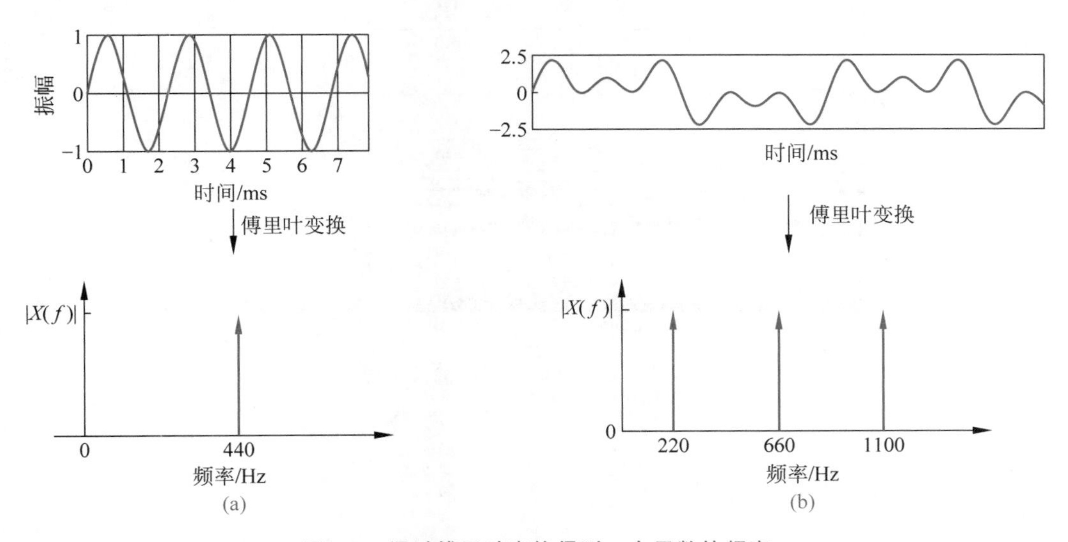

图 4-3　通过傅里叶变换得到一个函数的频率

根据一小段声音(如 50ms)就可以作傅里叶变换，得到它的频谱。如果有一段较长时间的声音，就可以把这段声音分成很多 50ms 的声音片段，对每一个声音信号片段作傅里叶变换，然后把这些傅里叶变换结果拼接成一张图，叫做频谱图(spectrogram)。

把长时间的声音切成小的片段有两种方法：一种是两段之间有重叠；另一种是没有重叠。切出来的声音片段一般是30ms～50ms为好。

让·巴普蒂斯·约瑟夫·傅里叶(Baron Jean Baptiste Joseph Fourier，1768年3月21日—1830年5月16日)，法国著名数学家、物理学家。

傅里叶变换的结果有助于对声音做自动分析。有意思的是，认知科学研究结果表明，在人的听觉系统中，有一个部分就是在对听到的声音作频率分析。

图4-4就是对一段几秒钟的小提琴演奏的音乐信号作傅里叶变换后得到的频谱图，其横轴是对应的时间片段，纵轴是频率，图像深的地方表示该频率点信号比较强，图像浅的地方表示该频率点信号比较弱。注意，纵轴每一个格子对应的频率跨度是不一样的，越往上，对应的跨度越大。实际上，这里对纵轴作了对数变换。这张图的每一竖条就对应一小片段声音的傅里叶变换结果。观察最左边一条频谱图，发现在频率260Hz附近，信号比较强；在频率520Hz附近信号也比较强……

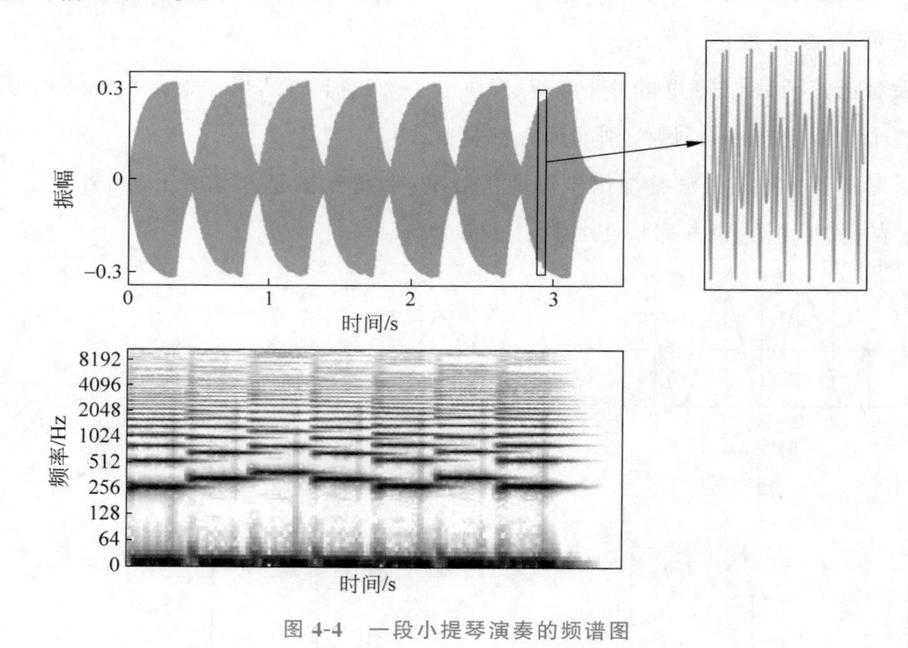

图4-4　一段小提琴演奏的频谱图

4.3　音乐相关的基本概念

1. 和谐的声音

音乐中有一个很重要的概念，就是“和谐的声音”(harmonious sound)。什么是和谐的声音？如果有一段声音，它包含的主要频率都是一个基本频率的整数倍，那么这个声音听起来就是比较和谐的。例如，图 4-2 呈现的叠加的声音是由 220Hz、660Hz、1100Hz 这三个频率的声音叠加成的，而这几个频率都是 220Hz 的整数倍。人们听起来就比较和谐。但是如果其中包含了不是 220Hz 整数倍的频率，如 220Hz＋375Hz＋770Hz 的声音，听起来就不那么和谐，感觉里面有比较怪的成分。

一般来说，和谐的声音是乐器发出的声音。例如，图 4-4 中的频谱图中，小提琴演奏的声音中的主要频率成分（深色的横线）都是基频（下面的深色横线）的整数倍。大部分乐器发出的声音都是和谐的。但这不是一个绝对的准则，并不是所有的乐器发出的声音都是和谐的，如敲锣打鼓中的“锣”的声音就是不和谐的。当然，也不是所有和谐的声音都是乐器发出的。

如果随机地选择一些频率来形成声音，这样的声音就是噪声，听起来不舒服。

人的声音是和谐的吗？图 4-5 上还是一段人的语音的频谱。可以看到有些频率比较强（深颜色），有些频率比较弱（浅颜色），其中主要的频率不完全是一个基频的整数倍的关系。其中有和谐的成分，也有不和谐的成分。

人的声音中比较弱的频率是不是没什么意义？把图 4-5(a)中比较深的频率留下来，浅的部分去掉，就得到了图 4-5(b)。如果试听一下可以知道图 4-5(b)对应的声音是很刺耳的。因此，在对声音做技术处理的时候，不只是那些明显的频率是重要的，那些看起来不明显的频率也是重要的。

其实，人们早已经知道这件事，只是做人工智能研究的人才会从这个角度去想这个问题。例如，人们会在照片和视频里看到音响师推调音台上的键，这就是在调整和补足人的声音的频率，让录制的声音或者很丰满、悦耳，不至于太尖锐、太低沉、太干燥，或者想达到一个特殊的效果等。这是在美化人的声音。这些对做人工智能研究的人都有启发。

2. 音高

音高(pitch)是人们常提到的概念。简单地说，钢琴上每一个键都对应一个唯一的音高。音高是针对和谐的声音来说的。人平时的说话声音不是和谐的声音，一般来说也没有一个音高和它对应。前面介绍了，和谐的声音的主要频率都是一个基本频率的整数倍，这个基本频率叫基频(fundamental frequency)。一般来说，基频就是在所有频率里最低的比较强的频率。这个基频对应一个音高。

基频这个概念是比较客观的。而音高这个概念具有主观属性，是人的主观感受。这二者之间还是有差异的。这个差异在一般情况下不会表现出来。

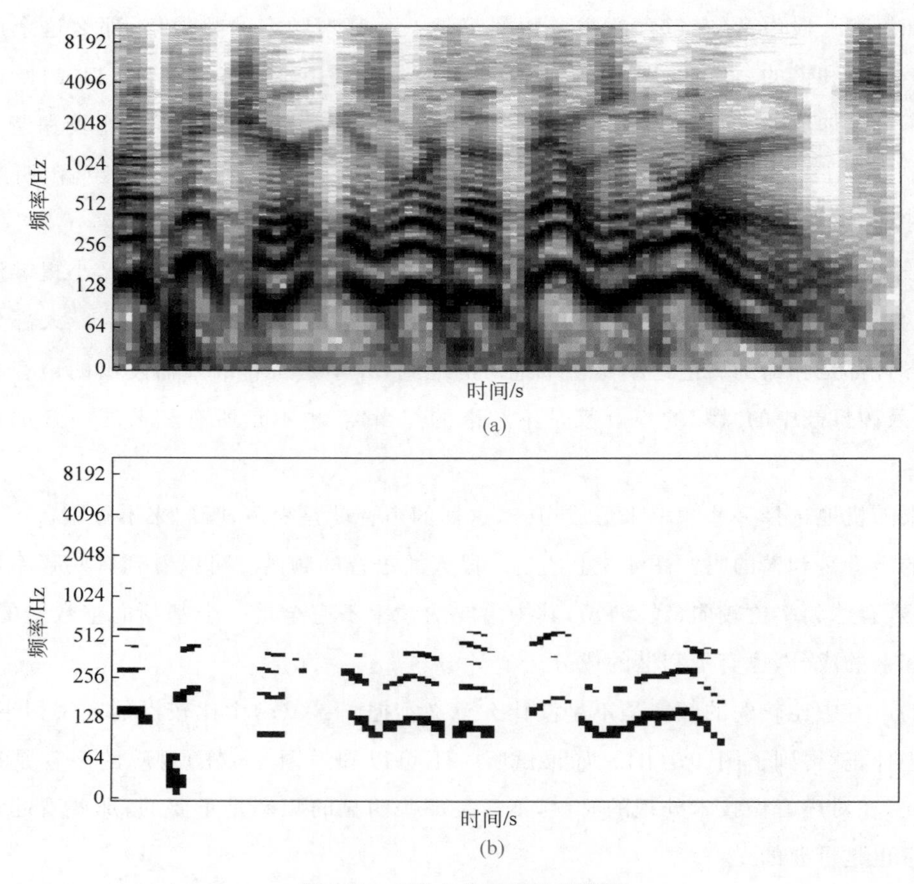

图 4-5　一段人的语音的频谱图

3. 音色

下面介绍音色(timbre)。人们常说这个人的声音很圆润,那个人的声音很干涩;二胡、小提琴、钢琴的音色不同。但是关于音色并没有一个技术上的客观定义,而只是这样的主观描述:不同的声音频率表现出与众不同的特性。

虽然没有一个明确的定义,但是根据研究结果,人们知道了音色和哪些因素有关。图 4-6(a)是双簧管演奏的音频信号的频谱。可以看到它的基频是 259.7Hz,基频的整数倍处的频率都比较高,1 倍频处最高。图 4-6(b)是单簧管演奏的音频信号的频谱。可以看到在 261.0Hz 处有一个尖峰,这是其基频。在这个基频整数倍处也都有尖峰。相比较来看,图 4-6(a)、图 4-6(b)中,尖峰高低排列很不一样。而这样的排列能够把双簧管和单簧管区别开来。所以,直观地说,音色和声音中频率分布有关。

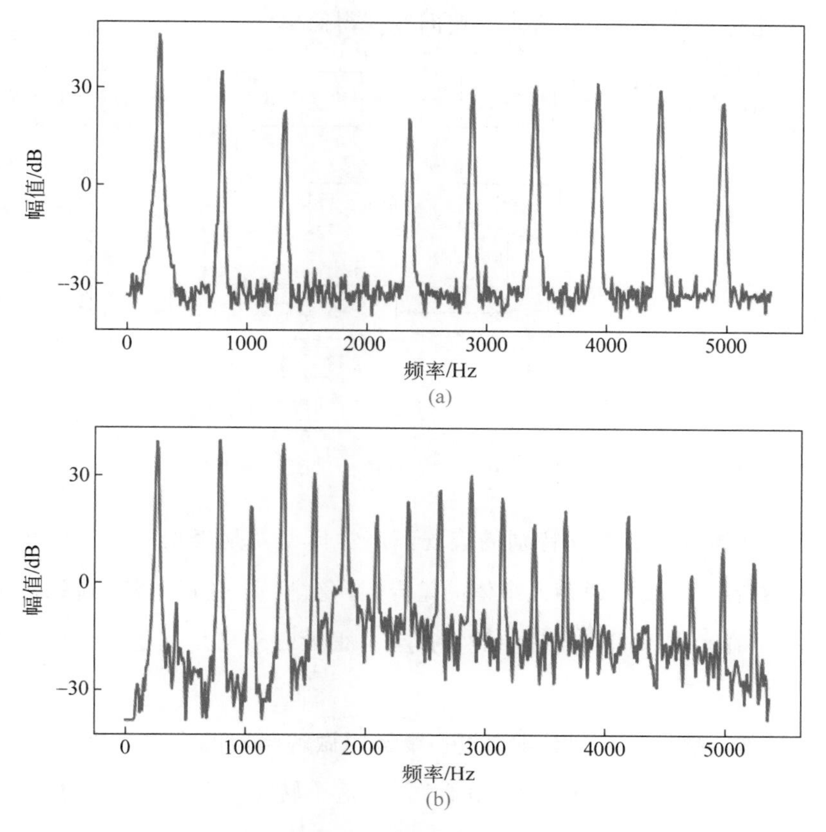

图 4-6　双簧管(a)和单簧管(b)演奏乐曲的频谱

4.4　计算机听觉采用的方法

和计算机视觉类似，计算机听觉的方法也分为传统方法和深度学习方法。下面以语音识别为例介绍所采用的方法。

1. 传统的语音识别方法

图 4-7 给出了传统语音识别的一个工作流程。给定一段语音，然后对它作傅里叶变换，这样就得到了一张频谱图。在这张图上提取特征，如梅尔倒谱系数等。到这里基本上就是特征提取的部分了。

下一步需要基于提取的特征通过一个声学模型来得到其中的音素。以汉字为例，音素通常是比一个字的读音更小和更基本的部分，是语音的最小单位。对于汉语拼音的元音字母，“a[阿] o[喔] e[婀] i[衣] u[乌] ü[迂]”都是单一的音素。普通话的“爱”就是由“a-i”两个音素构成，“百”就是由“b-a-i”三个音素构成的。汉字字词很多，但它们都是由非常少量的音素构成的，因此先分析语音中的音素会使问题变得简单。

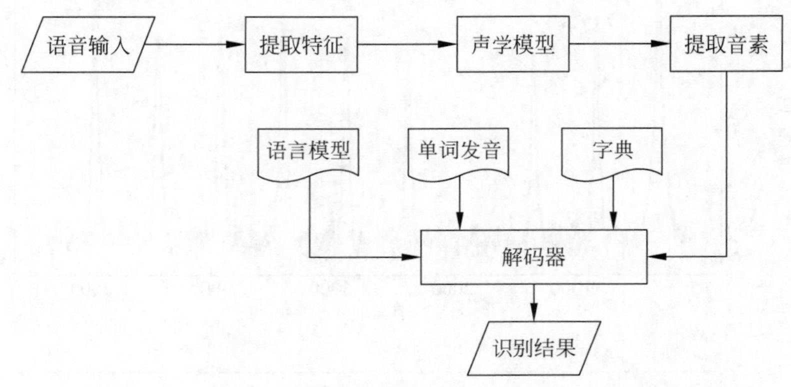

图 4-7　传统语音识别的一个工作流程

每一个音素在语音中都会有特别的表现。声学模型就是根据从语音信号中提取的特征，确定它对应的音素。由于说话人个体的差异（音色、性别、年龄）以及说话环境等因素的影响，导致同一个音素在不同的语音中的特征会有很大的差异。这是声学模型研究的困难之一。

有了音素后就需要把一系列音素通过一个被叫做解码器的模块转化成词。例如，得到一个音素序列“b-a-i-h-e”，把它转化为“百合”。在这个转换过程中，需要用到一个包含“百合”这个词的字典，这个字典里包含了每一个词及其对应的音素序列。

如果这段语音是整个句子，还需要一个语言模型才能完成转换过程。例如，对于音素序列“b-a-i-h-e”，系统要判断对应的词是“百合”？“白鹤”？还是“白盒”？这时需要根据上下文以及语言模型来确定。在“百合是一种植物”“田野里有一只白鹤”“把文具放到白盒里”中，“b-a-i-h-e”周围的字词是不一样的。根据周围的字词来确定“b-a-i-h-e”对应的字是语言模型的任务。

图 4-7 中的每一个模块都很复杂，也都很难设计和实现。通常情况下由专门的团队负责相应模块的研究和开发。一个语音识别系统通常只能识别一种语言，如汉语普通话。一旦需要识别另一种语言，或者方言，或者带有口音的普通话，其中的一个模块，或几个模块都需要重新设计和开发。

2. 语音识别的深度学习方法

目前采用的语音识别系统大致是按照图 4-8 所示流程设计的。给一段语音数据，对它作傅里叶变换，得到频谱图；然后采用深度学习神经网络模型，将语音转变成字，或词，或短语，或句子。

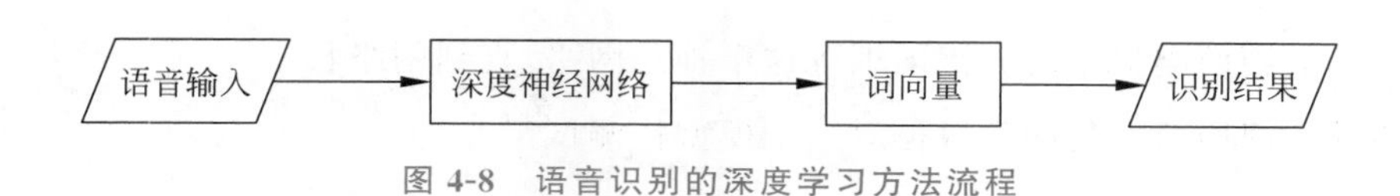

图 4-8 语音识别的深度学习方法流程

在得到频谱图后，可以把语音识别问题看作从频谱图（一张图像）到文字的转换过程。所以，可以把这个过程看作是一个图像识别过程。因此就可以采用卷积神经网络模型把频谱图转变成文字。当然也可以采用其他的模型和方法，如下文讨论的 RNN、LSTM 等模型，以及后面章节讨论的 Transformer 模型等。

和计算机视觉问题一样，通过非常多的数据（语音片段和对应的文字串）训练这个模型就可以达到比较高的识别率。

采用深度学习方法的好处是：当需要识别新的语言，或者方言，或者带有口音的普通话时，只要提供大量相应的数据对就可以了，而不需要对模型作大的修改。

3. 其他任务采用的方法

对应计算机听觉的各个任务，都存在其传统方法和深度学习方法。

传统方法是按照一个流程设计，流程中每一个模块会单独设计和开发，最后联合成一个完整的系统。这样的系统也被叫做流水线方法，其中会包含特征提取部分，以及与要完成的任务对应的模块。和图 4-8 类似，各个模块通常都很复杂，特别是当系统应用的环境发生了变化，例如取音环境从室内改到室外，或者从面向单人取音改为在会议室面向多人取音时，很多模块要进行大幅度修改，或者重新设计。

深度学习方法会把传统方法中的各个模块都用一个深度神经网络来替代。这样就避免对各个模块的单独设计、研发，也避免了对单独模块的不断修改或重新设计。

例 4.1 一个环境音分类系统研发过程。

假设现在要对两类环境音分类：消防车鸣笛声和婴儿哭声。可以按照下面步骤实现一个对这两类声音分类的系统。

第一步：收集消防车鸣笛声和婴儿哭声的音频（对这些声音录音），并将所有声音切成等时间长度的音频数据。

第二步：将切好的音频数据作傅里叶变换，得到对应的频谱图。

第三步：构建一个深度卷积神经网络模型（可以参考第 2 章的 LeNet），输入是频谱图，输出层有两个节点，对应数据的类别标号，消防车鸣笛声[1,0]和婴儿哭声[0,1]。

第四步：用两类数据的频谱图训练这个神经网络，直到网络收敛。

第五步：使用新的这两类数据对这个模型作测试。

相对传统方法，深度学习方法有很多优点。深度学习方法的缺点和困难是：需要为训练模型准备大量的标注数据。在例 4.1 中，需要收集不同场景下消防车鸣笛声和婴儿哭声，以保证数据的多样和丰富。在和弦的识别、自动记谱这样的任务中，要准备大量这样的数据是很困难的。

4.5 适合序列数据的神经网络模型

在 4.4 节讨论了计算机听觉可以采用深度学习方法。其中的深度学习模型可以采用在"计算机视觉"章节中采用的卷积神经网络。

当然，和图像不同的是，声音信号具有时序特性。简单地说就是声音信号随着时间有先有后地到来。不仅如此，前面的声音会影响后面的声音。这种影响包含两方面。第一，前面声音和后面声音的搭配和组合不是任意的。例如，如果是汉语语音，前面说了"song"，后面可能会是"shu"(松树)，也可能会是"dong"(松动)等，但不太会是"bo""nong"等。这主要表现在语音对应的文字的搭配和组合上。第二，即使是同一个字，在和后面的不同字搭配时发音也会不同，因此声音的表现也不一样。例如，普通话在说"一棵树"和"一座山"的时候，"一"的声调是不同的，前面是 4 声，后面是 2 声。

针对这类时序数据，有一些模型被提出来。两个代表性的模型如下：

- RNN
- LSTM

RNN(recurrent neural network)被译为递归神经网络，或循环神经网络。其基本的神经元如图 4-9 所示。和第 3 章介绍的神经元不一样的是，因为是时序数据，所以神经元 s 除了接受当前时刻 t 的输入信息 x（乘以权重 w_x）外，还接受上一时刻 s 的信息（乘以权重 w_v）。通过这种方式，对数据的先后关系进行了建模。

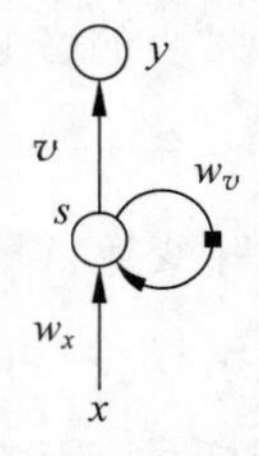

图 4-9　带有反馈功能的神经元

例 4.2　RNN 前向计算：一维情况。

为简便起见，假设 RNN 每一时刻的输入 x 是长度为 1 的标量(实际应用中往往是多维向量)，同时假设神经元 s 和 y 的激活函数 f 和 g 为全等函数，也就是输出等于输入，截距参数均为 $b=0$(在实际应用中，激活函数往往是非线性函数)。

设 RNN 的参数 $w_x=0.2, w_v=0.5, v=0.1$；令 s 初始化为 $s_0=0$。假设输入序列长度为 2，若第一时刻的输入 $x_1=1.0$，则神经元 s 受输入和初始化的共同影响，有

$$s_1=f(w_v s_0+b_v+w_x x+b_x)=w_v s_0+b_v+w_x x+b_x=0.5\times 0+0.2\times 1.0=0.2$$

第一时刻的输出 $y_1=g(vs_1+b_s)=vs_1+b_s=0.1\times 0.2=0.02$

若 RNN 第二时刻的输入 $x_2=0.2$，此时 s 已经在第一时刻的计算中被更新，因此有

$$s_2=f(w_v s_1+b_v+w_x x+b_x)=0.5\times 0.2+0.2\times 0.2=0.1+0.04=0.14$$

第二时刻的输出 $y_2=g(vs_2+b_s)=0.1\times 0.14=0.014$

例 4.3　RNN 前向计算：二维情况。

为简便起见，假设 RNN 每一时刻的输入 x 是长度为 2 的向量(实际应用中往往是更高维的向量)，同时假设神经元 s 和 y 的激活函数 f 和 g 为全等函数，也就是输出等于输入，截距参数均为 $b=0$(在实际应用中，激活函数往往是非线性函数)。

设 RNN 的参数 $\boldsymbol{W}_x=\begin{bmatrix}0.2 & 0.8\\0.3 & 1.0\end{bmatrix}, \boldsymbol{W}_v=\begin{bmatrix}0.5 & 0\\0.1 & 0.6\end{bmatrix}, \boldsymbol{V}=\begin{bmatrix}0.1 & 1.2\\0.4 & 0.2\end{bmatrix}$；令 s 初始化为 $\boldsymbol{s}_0=\begin{bmatrix}0\\0\end{bmatrix}$。假设输入序列长度为 2，若 RNN 第一时刻的输入 $\boldsymbol{x}_1=\begin{bmatrix}1.0\\1.5\end{bmatrix}$，则神经元 s 受输入和初始化的共同影响，有

$$\begin{aligned}\boldsymbol{s}_1&=f(\boldsymbol{W}_v\boldsymbol{s}_0+\boldsymbol{b}_v+\boldsymbol{W}_x x+\boldsymbol{b}_x)=\boldsymbol{W}_v\boldsymbol{s}_0+\boldsymbol{b}_v+\boldsymbol{W}_x x+\boldsymbol{b}_x\\&=\begin{bmatrix}0.5 & 0\\0.1 & 0.6\end{bmatrix}\begin{bmatrix}0\\0\end{bmatrix}+\begin{bmatrix}0.2 & 0.8\\0.3 & 1.0\end{bmatrix}\begin{bmatrix}1.0\\1.5\end{bmatrix}=\begin{bmatrix}0\\0\end{bmatrix}+\begin{bmatrix}1.4\\1.8\end{bmatrix}=\begin{bmatrix}1.4\\1.8\end{bmatrix}\end{aligned}$$

第一时刻的输出 $\boldsymbol{y}_1=\boldsymbol{g}(\boldsymbol{V}\boldsymbol{s}_1+\boldsymbol{b}_s)=\boldsymbol{V}\boldsymbol{s}_1+\boldsymbol{b}_s=\begin{bmatrix}0.1 & 1.2\\0.4 & 0.2\end{bmatrix}\begin{bmatrix}1.4\\1.8\end{bmatrix}=\begin{bmatrix}2.3\\0.92\end{bmatrix}$

若 RNN 第二时刻的输入 $\boldsymbol{x}_2=\begin{bmatrix}0.2\\0.4\end{bmatrix}$，此时 s 已经在第一时刻的计算中被更新，因此有

$$\begin{aligned}\boldsymbol{s}_2&=f(\boldsymbol{W}_v\boldsymbol{s}_1+\boldsymbol{b}_v+\boldsymbol{W}_x x+\boldsymbol{b}_x)=\begin{bmatrix}0.5 & 0\\0.1 & 0.6\end{bmatrix}\begin{bmatrix}1.4\\1.8\end{bmatrix}+\begin{bmatrix}0.2 & 0.8\\0.3 & 1.0\end{bmatrix}\begin{bmatrix}0.2\\0.4\end{bmatrix}\\&=\begin{bmatrix}0.7\\1.22\end{bmatrix}+\begin{bmatrix}0.36\\0.46\end{bmatrix}=\begin{bmatrix}1.06\\1.68\end{bmatrix}\end{aligned}$$

第二时刻的输出 $\boldsymbol{y}_2=\boldsymbol{g}(\boldsymbol{V}\boldsymbol{s}_2+\boldsymbol{b}_s)=\begin{bmatrix}0.1 & 1.2\\0.4 & 0.2\end{bmatrix}\begin{bmatrix}1.06\\1.68\end{bmatrix}=\begin{bmatrix}2.122\\0.76\end{bmatrix}$

长短时记忆网络(long short term memory network)简称 LSTM,其神经元如图 4-10 所示。和 RNN 不同的是,LSTM 在 RNN 上增加了门(gate)结构,就是图 4-10 中⊗部分。其作用直观地说,就像一扇门。门打开时,对应的信号就通过;门关闭时,对应的信号就被阻断;门也可以开一部分,让信号通过一部分。这样一来,这个模型就灵活了很多。例如,有一个词是“魑魅魍魉”,这是一个很稳定的固定搭配。当说完“魑魅”时,即使不再说“魍魉”,它表示的含义也是固定并且明确的。所以,输入完“魑魅”时,对应的门可以关闭。在 LSTM 中有很多这样的门结构。因此,这个模型使用起来就更为灵活。

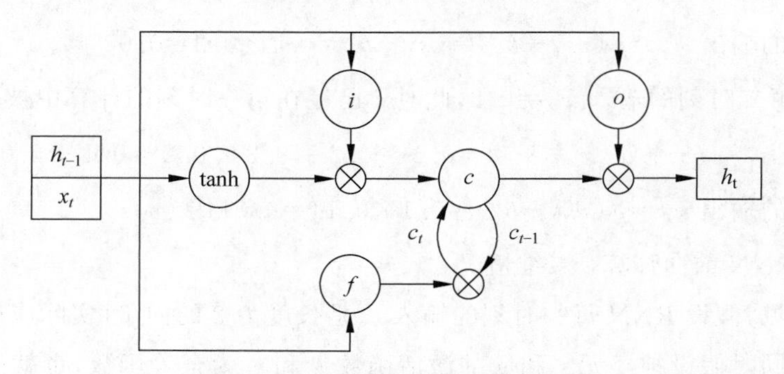

图 4-10　长短时记忆网络的神经元

在模型中,门结构是用一个函数来表示的。哪个门函数在什么时候应该打开到什么程度,是算法从数据中学习和总结出来的。

图 4-10 中各个量的计算公式如下:

$$i_t=\sigma(W_{ii}x_t+b_{ii}+W_{hi}h_{t-1}+b_{hi})$$

$$f_t=\sigma(W_{if}x_t+b_{if}+W_{hf}h_{t-1}+b_{hf})$$

$$g_t=\tanh(W_{ig}x_t+b_{ig}+W_{hg}h_{t-1}+b_{hg})$$

$$o_t=\sigma(W_{io}x_t+b_{io}+W_{ho}h_{t-1}+b_{ho})$$

$$c_t=f_t\odot c_{t-1}+i_t\odot g_t$$

$$h_t=o_t\odot \tanh(c_t)$$

式中,W 和 b 都是 LSTM 的可学习参数;x_t 是第 t 时刻的输入;h_t 是第 t 时刻的输出;其他变量是中间结果。门结构体现在 c_t 和 h_t 的计算式中,变量 f_t 和 i_t 分别控制 c_{t-1} 和 g_t 信号在门中通过的部分。$\sigma(z)$是 Sigmoid 激活函数:$\sigma(z)=\dfrac{1}{1+\mathrm{e}^{-z}}$;此外,反正切函数也用作激活函数:$\tanh z=\dfrac{1-\mathrm{e}^{-2z}}{1+\mathrm{e}^{-2z}}$。

在使用 RNN 或者 LSTM 模型时,仍然可以使用计算机视觉章节介绍的 BP 算法训练神经网络。这时,需要计算输出端的误差函数对于模型中参数的偏导数。只不过,对于

RNN、LSTM 来说，这个偏导数的计算有些复杂而已。

例 4.4　一个环境音分类的序列模型结构。在例 4.1 中，使用一个卷积神经网络对两种环境音分类。实际上，也可以在一个卷积神经网络后面加一个时序模型，如 LSTM，如图 4-11 所示。

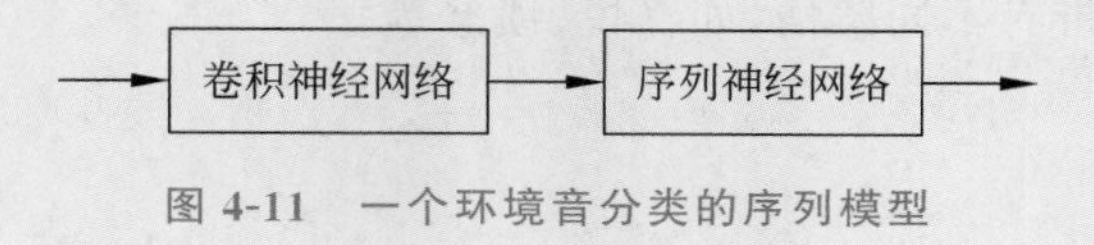

图 4-11　一个环境音分类的序列模型

模型输入是音频的频谱图。卷积神经网络的输出是频谱图的**特征图**(**feature maps**)。然后把特征图从左到右(按照时间顺序)一列一列地输入给 LSTM。整个模型的输出是两类声音的标号，0 或者 1。

对于数据的收集和切分，其傅里叶变换、训练方法和例 4.1 相同。这样也可以实现环境音的分类。

4.6　当前的技术状况

深度学习时代采用了深度神经网络方法完成计算机听觉任务。因此，只要准备好大量标注好的训练数据，一个计算机听觉系统可以达到很好的性能。

在计算机听觉中，乐器识别、作曲家识别、语音合成、语音识别、语言识别需要的大量训练数据相对比较容易得到。因此，这些任务可以解决得比较好，能够满足通常情况下实际应用的要求。

下面进一步介绍几个任务的技术状况。

1. 语音合成

语音合成在 2000 年后已经可以在一定场合实际应用了。例如，在银行营业厅会听到“请 16 号顾客到 8 号柜台”这样的合成的声音。

深度学习技术也被用于语音合成的研究和开发，取得了很好的效果。一些新闻短视频中的语音播报就是使用语音合成技术完成的。新闻稿子写好以后，使用语音合成软件就可以完成相应的“配音”工作。

当然，语音合成的新闻播报还可能会产生一些错误和瑕疵。我们知道，有些字是多音字。例如，着在“工作着”“着火了”“穿着打扮”中的读音都不相同。即使是单音汉字，在不同的词或者短语中，其发音也可能是不同的。例如，“一”在“一棵树”和“一座山”中的发音；“古”在“古代”和“古董”中的发音等。如果数据不够丰富，上述的这些细节处容易产生错误或瑕疵。当然，通过更多数据的积累和模型的改进，这些问题会得到解决。

另外，合成的语音能否带有情感色彩，具有更丰富的表现力，是一个更为困难一点的课题。当前的语音合成技术适合新闻稿一类的文本，不带有明显的感情色彩，或者以一种固定的情绪和风格"读"文字稿件。但是，在给故事、戏剧等配音时，希望合成的声音根据文本内容，或者导演的要求带有不同感情，如喜悦、愤怒等。

2. 语音识别

在2010年后，语音识别技术不断发展，语音识别算法的性能也不断提高。2017年在有些数据集上可以达到人识别语音的水平，如图4-12所示。和人们日常生活关系密切的微信，可以让人们通过语音输入说话的内容。这个功能就是由语音识别模块实现的。这给人们生活带来很大便利。

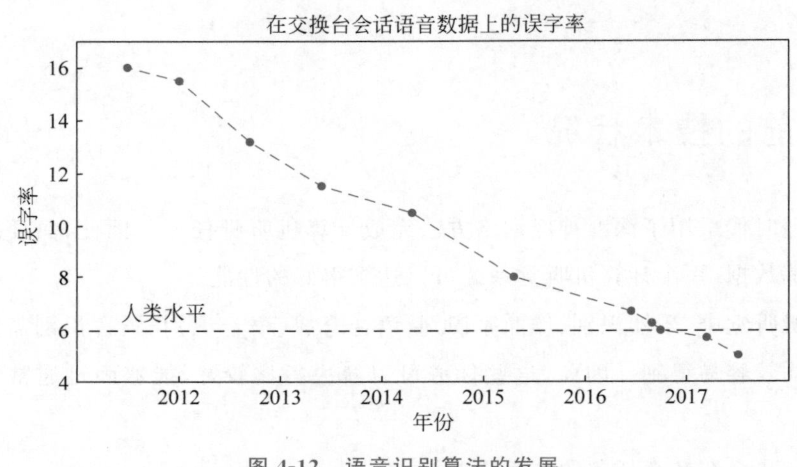

图 4-12　语音识别算法的发展

目前语音识别技术存在的问题主要有以下三个。

第一，"新词"问题。社会上不断会出现一些新词。在训练数据集中没有这些新词，因此，这时的语音识别会出错。同样性质的问题也会出现在用语音输入人名时。例如，人们说"li-bin"，即使利用上下文信息知道这是在说一个人名，也没有办法确定是"李斌"还是"李彬"。

第二，背景噪声问题。如果说话时背景噪声比较大，语音识别效果就不会很好。例如，在一个会议室，录音环境中有很大噪声，录音的质量没那么好，识别语音时就会有困难。但是，人们用微信语音输入时，即使环境很嘈杂，语音识别效果仍然有可能很好。这是因为，用手机进行语音输入时，手机（麦克）距离嘴巴非常近，而背景嘈杂的噪声的大小是按照和麦克风距离平方级的衰减。因此，虽然环境噪声很大，但需经过一定距离到达手机，相对于人说话的语音，噪声信号已经很弱了。

第三,有些人群的语音识别效果受限于训练数据的数据量。深度学习方法要求有足够大的数据量训练模型,但是有些语音数据还是不够多。例如,小语种语言的语音数据可能不够多。另外,中国有大量的不同地区的人会带有不同的口音。如果生活在一个小山村里的人口音都很特别,而这个人群又比较小,对这样的数据收集、整理就会存在困难。这时,语音识别效果就不会很好。这个问题会随着数据越来越多解决得越来越好。但是,按照当前的技术思路,这可能需要比较多的时间。

和口音问题属于同样性质的是语言的混杂问题,就是说话的时候,两种语言混杂着说。例如,“今天早上,我去了 office”。目前微信语音输入对于中英文混杂的语言识别效果已经不错了。这是因为这类需求很大,收集的数据比较多。但是,其他语言的混杂识别效果就可能还不够好。例如,中法语言混杂,中韩语言混杂等效果就没那么好。世界上有几千种语言,两两混合有多少可能?如何解决这些问题?这就是语音识别面临的挑战。

3. 和弦识别与自动记谱

和弦识别与自动记谱目前做得还不够好。这主要有两方面原因:一方面是声音的混叠导致这个问题变得复杂;另一方面是训练数据不够多。目前,钢琴上的和弦识别可以做得比较好,这是因为人们对于钢琴声音的建模做得比较好。因此可以合成出比较真实的钢琴的声音。首先针对各类和弦合成出对应的钢琴弹奏声音,然后用这些合成数据训练模型,这样就可以得到还不错的钢琴自动记谱的系统。但是对于一般的乐器,声音建模还没有做得很好。因此,对一般乐器的自动记谱性能还比较差。

虽然存在大量的乐谱和演奏录音,但是因为各种原因,每次的演奏都会有所不同。例如,每次演奏的速度都会不同,因此不能简单地把乐谱和演奏录音直接对应,这也给训练数据的准备造成了困难。

4. 声音事件的检测和识别

当前声音事件的检测和识别效果还不够好,主要原因是训练数据太少。

5. 语音分离

对于两个人语音的分离问题,如果这两个人的音色差异比较大,算法可以取得比较好的效果。但是如果两个人都是男生(或女生),音色也很相似,分离效果就不够好。当然,如果辅助以视频中的口型信息,就会提升系统的性能。

6. 自动作曲

当前的自动作曲可以生成听起来还可以的音乐,特别是生成短的音乐,效果还不错,例如,生成几秒或者几十秒,甚至于几分钟的音乐。根据语言和图像生成技术的发展可以知道,自动作曲技术也会快速发展,并面临语言和图像生成技术所面临的同样的问题。

4.7 计算机视觉和计算机听觉的比较

计算机视觉是要理解图像。而图像是通过颜色、形状、纹理、亮度来描述物体。计算机听觉是要理解声音。声音的基本属性是时间、频率、声音大小、发出声音的位置。

图像中物体之间往往存在遮挡,视觉系统需要理解图像中各个物体的位置及其遮挡关系。人可以非常好地理解遮挡和被遮挡的物体,即使被遮挡的物体只显露出很少一部分。但是,这却是计算机视觉里非常困难的一个问题。而在计算机听觉的数据中,通常不存在声音的遮挡现象。

听觉中的一个重要特性是声音存在混叠。人可以同时听到几个人同时发声,并能够分别理解每一个单独的语音。但是,就一般情况而言,计算机听觉系统还没有达到人类的水平,这是声音处理和理解中非常困难的一个方面。

通常情况下的图像不存在混叠。但是人们可以人为地"制造"出混叠的图像。例如,拍摄时的多次曝光、图像编辑时多张图像的透明和半透明叠加。图 4-13 给出的就是影视作品中的"淡入""淡出"的例子,这里就会有图像的叠加。同样,分离出叠加中的原始图像也是一个比较困难的问题。

图 4-13　视频中"淡入""淡出"的例子

图像更适合表现客观具体的物体和事件,如苹果、房屋、花朵、山川、奔跑、篮球比赛,但是不太擅长表现一些主观情绪和抽象的概念,如欢乐、和平、幸福等。当然,一些图像和视频的色调、速度节奏,能表现一定的情绪。

而声音涉及的类型比较多。根据声音,人们可以分辨是狗、猫,也可以知道电闪雷鸣,这些都能对应比较具体的物体。然而能发声的物体只是客观世界中很少的一部分。声音的具象表达能力要比图像弱很多。

虽然语音能很清晰地表达客观具体的物体和事件，但基本上是其中的语言信息在发挥作用。除了语言的内容外，语音能表达说话人丰富的感情。

音乐适合表现情绪，如欢乐、悲伤、祥和等。通常来说，音乐不明确地指向花朵、衣服、篮球等具象的概念。

人们知道，电影里的一些声音是在录音棚用其他手段“做”出来的。例如，轻轻抖动薄铁板可以模拟隐隐约约的远方闷雷声；在几把芭蕉扇上很松地缝上一些扣子，不停地晃动这样的扇子，可以模拟出雨点的声音。另外，有些人的模仿力很强，可以模仿别人说话，模仿自然界的声响（口技）。这也从一个侧面说明，声音的唯一性不够好。根据一段声音不能唯一地确定是鸡叫，因为也可能是人发出的。因此，在身份认证方面，说话人识别一般不如指纹识别、虹膜识别更可靠。

4.8　进一步学习的内容

下列是几个计算机听觉方面的会议。

- International Conference on Acoustics, Speech, and SignalProcessing（ICASSP）
- IEEE Workshop on Applications of Signal Processing to Audio and Acoustics（WASPAA）
- INTERSPEECH, International Speech Communication Association 组织的会议。
- International Conference on Music Information Retrieval（ISMIR）

下列是几个计算机听觉方面的杂志。

- *Journal of the Acoustical Society of America*（JASA）
- *Speech Communication*
- IEEE/ACM Transactions on Audio, Speech, and Language Processing
- IEEE Transactions on Signal Processing
- Signal Processing

请扫描二维码阅读计算机听觉方面的课程、教材、书籍、资料和演示程序等信息。

进一步学习的内容

练习

1. 如图题 1 三个频谱分别属于乐器演奏声、噪声、人声，分辨三个频谱的声音类别并说出原因。噪声的频谱和其他声音相比有什么特点？

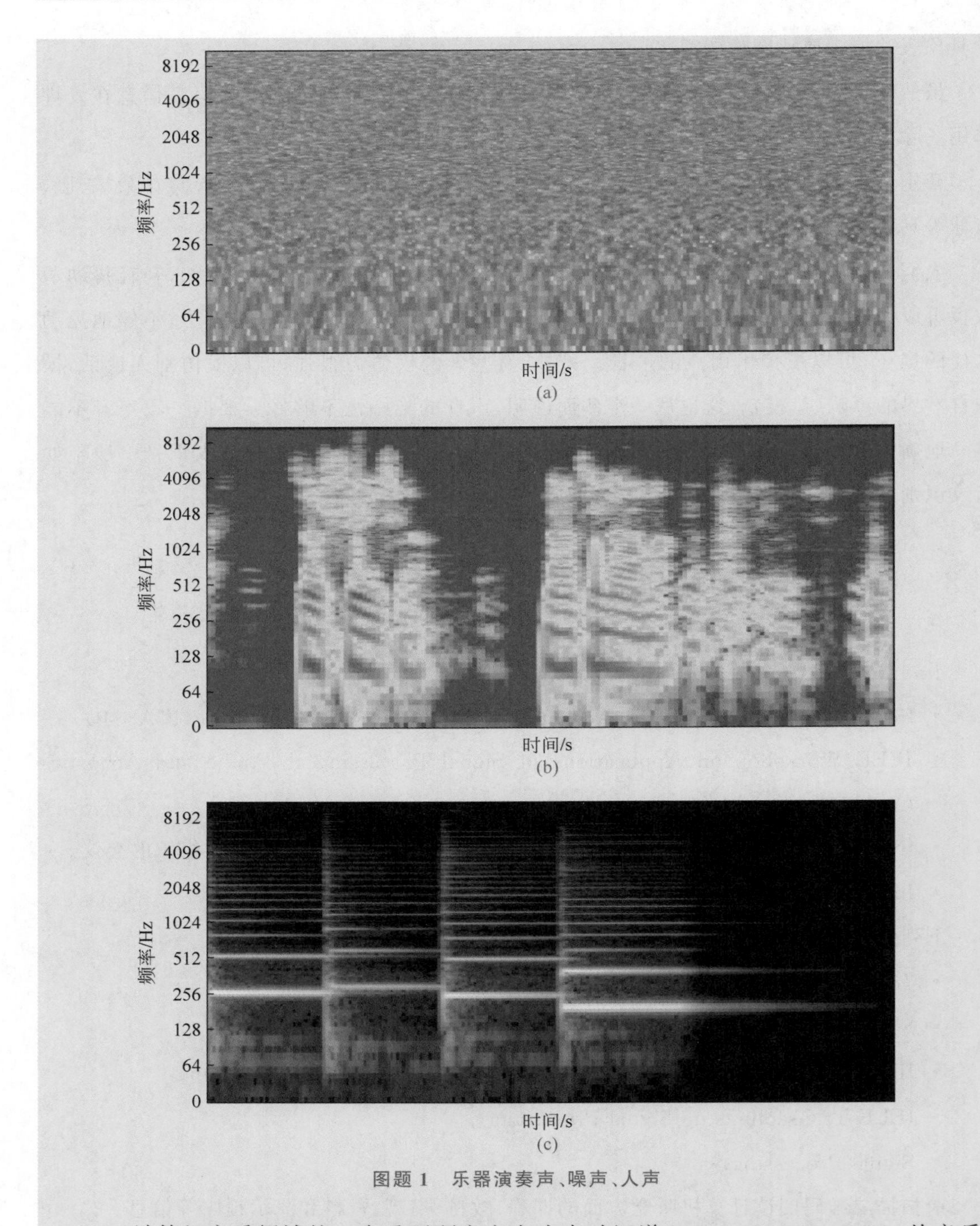

图题 1　乐器演奏声、噪声、人声

2. 计算机音乐领域的一个重要研究方向为自动记谱(music transcription),从音乐音频信号中识别出乐谱,乐谱由音符排列组成,每个音符有音高和音程(音符演奏的时长)两个特征。假设要识别单个乐器演奏的乐谱,且同一时间只有一个音符发出声音,请设计一种方法实现自动记谱并画出流程图。假如有多个乐器同时演奏,能否使用上述算法? 为什么?

3. 一般的通信系统的噪声分为加性噪声和乘性噪声。加性噪声中，得到的信号是源信号和噪声相加的结果。其中噪声与信号的波形是无关的。常见的自然背景噪声、电子元器件发出的热噪声都是这类噪声。请设计一种方法降低一段人声录音音频中的噪声，并画出流程图。

4. 假设有一段从 1 到 N 时刻的序列输入，第 t 时刻的输入为 x_t，已有 RNN，参数为 $\boldsymbol{W}_v, \boldsymbol{W}_x, \boldsymbol{V}$，激活函数为 f 和 g，截距参数均为 0，请用伪代码的形式写出 RNN 的前向运算过程。也就是把例 4.1、例 4.2 的计算过程总结成一个用伪代码写成的程序。

5. 假设有一个长度为 2 的序列输入：$x_1=0.5, x_2=0.2$；网络的参数 $W_x=0.5$，$W_v=0.3, V=0.2$，令 s 初始化为 $s_0=0$；激活函数 f 为反正切函数，激活函数 g 为 sigmoid 函数，请计算出网络两个时刻的输出 y。

6. 假设有一个长度为 2 的序列输入：$\boldsymbol{x}_1=\begin{bmatrix}0.5\\1.0\end{bmatrix}, \boldsymbol{x}_2=\begin{bmatrix}0.2\\0.4\end{bmatrix}$；网络的参数 $\boldsymbol{W}_x=\begin{bmatrix}0.5 & 0.5\\1.0 & 1.2\end{bmatrix}, \boldsymbol{W}_v=\begin{bmatrix}0.3 & 1.0\\0.3 & 0.5\end{bmatrix}, \boldsymbol{V}=\begin{bmatrix}0 & 0.3\\0.2 & 0.4\end{bmatrix}$，令 $\boldsymbol{s}$ 初始化为 $\boldsymbol{s}_0=\begin{bmatrix}0\\0\end{bmatrix}$；激活函数 f 为反正切函数，激活函数 g 为 sigmoid 函数，请计算出网络两个时刻的输出 y。

7. LSTM 中，遗忘门指 f_t 的计算以及使用 f_t 控制 c_t 中 c_{t-1} 的信息含量。如果 t 时刻的输入为“魍魉”，那么对于 c_{t-1} 中包含“魑魅”信息的部分，遗忘门 f_t 的值应该偏大还是偏小？为什么？

8. 百度提供了一个在线训练模型的网站：https://ai.baidu.com/easydl/。请利用这个网站对一个声音分类模型训练。可以扫描二维码阅读对这个网站的操作文件。

在线训练模拟网站

第5章　自然语言处理与理解

5.1　为什么要研究自然语言处理与理解?

自然语言是指人们在日常生活中使用的语言,与其对应的是如计算机编程语言这样的人工语言,或者在一些专业领域所说的音乐语言、绘画语言。

在人工智能中为什么要研究自然语言?最主要的一个原因就是**自然语言是人们进行交流的一种自然、便捷的重要方式**。如果一个智能产品能够理解自然语言,和人交流,人就可以通过自然语言要求这个智能产品完成一些任务。

当然不是所有的智能产品都必须和人交流。例如,在门禁系统这一类产品中,人们使用指纹、人脸、虹膜进行个人身份认证。在这个过程中,人不一定要和系统进行语言交流。但是,有些智能产品和人的交流是很必要的,这时用自然语言进行交流是非常方便的。例如,可以要求一个扫地机器人打扫某一个房间的地板,要求家务机器人清洁卫生间,也可以和一个问答系统聊天。

另外,和计算机系统交流,自然语言也不是唯一的方式,甚至都不一定是最好的方式。例如,有时人们更喜欢使用鼠标、写字笔和计算机绘图软件(如画笔、Photoshop)进行交流,让软件生成人们需要的图画。

研究自然语言的另一个重要原因是:人们发现在研究智能的时候,语言是不得不研究的一个对象。因为语言在智能中起着举足轻重的作用。换句话说,研究语言本身特别有助于研究人脑和智能,去理解人脑是怎么工作的,去理解生物智能,从而启发人们去研究人工智能技术。

5.2　自然语言处理与理解的一些任务

在自然语言处理与理解这个领域有很多实际的应用需求,下面列举几个比较主要的任务。

1. 机器翻译

这个任务就是把一种语言的文本翻译为另一种语言对应的文本。例如,中译英、英译俄等。这是一个非常广泛的重要的应用需求。有时,人们需要由理解不懂的语言写成的文字,或者语音。例如,在互联网上想了解一个陌生语言的网页,在异国他乡想读懂餐馆的菜单等。

2. 自动摘要

这个任务是要求系统对一个长文本进行摘要,转变为符合要求的短文本。对于一个长文本,如几万字、几十万字的文章或者书籍,人们通常希望先读摘要了解其大致内容,然后决定是否开始购买或阅读。另外,在使用谷歌或百度搜索的时候,会得到很多相关的网页。为了让用户一目了然地"了解"搜索结果,系统需要自动对网页摘要,把摘要放在栏目名称下面。这样,用户就能快速了解这些网页大概在说什么。

3. 人机对话

这个任务是要求人和计算机系统使用自然语言对话交流。目前的一些智能台灯、智能音箱就具有这样的一些简单的功能。用户可以问:"今天天气怎么样?""播放一首 *** 的歌",之后这些产品会给出响应。

4. 机器写作

这个任务是要求计算机写作。这里要写作的可能是诗歌、小说等。

除了上面这些任务外,还有一些是研究人员定义的中间任务。例如,指代消解。

5. 指代消解

这个任务就是要确定名词、名词短语、代词之间的对应关系。例如,"出租车司机老李开得飞快。老李说……",在这里需要确定第二句中的"老李"就是指第一句中的"出租车司机老李";"校长在开学典礼上讲了话。他语重心长地说……",这里需要确定代词"他"就是第一句中的"校长"。通常来说,这是研究自然语言处理与理解中的一个中间任务,并不直接对应一个实际应用需求。

5.3 自然语言处理与理解包含的几个层次

自然语言处理与理解包含对自然语言由低到高几个层次的处理过程，可以简单总结为下面三个层次。

- 字、词、短语
- 句子
- 篇章

在各自的层次，研究人员关注的问题是不同的。下面分别讨论各个层次的几项研究内容。

1. 字、词、短语

在这个层次上，需要解决很多问题。下面列举几个。

1）词态分析

在英文里，动词是有时态的。例如，“He has gone”。这时需要知道 “gone”是“go”的过去分词。

2）自动分词

中文的一句话中各个字之间是没有空格的。这时需要对句子做自动分词。例如，“物理学起来很困难”，分词后就是“物理|学起来|很|困难”。有的句子的自动分词容易出错。例如，“物理学是一门学问”分词后就是“物理学|是|一门|学问”。同样是“物理学”三个字，在上面两个句子中的划分结果就不一样。再比如，“南京市长江大桥”该怎么分？类似的句子还有很多。通常情况下，人在阅读时，分词(句读)是一个自然的过程，人不需要花费太多精力就能够做好。但是在阅读一些专业文章，或者阅读对于不熟悉的事物描述时，有可能会产生分词错误。自动分词也是这样，如果计算机程序遇到一个新词，因为它从未“见过”这个词，可能会出现错误。

3）词义消歧

一词多义是自然语言的一个通常的现象。因此，需要在一个句子中确定词的具体的含义。句子“I have no interest”，这里的“interest”指什么？是指利息？还是兴趣？句子“昨天我买了个苹果”，这里的“苹果”指水果？还是手机？通常来说，结合上下文和已有的知识可以解决这个问题。目前的预训练大模型对这种问题解决得比较好。

2. 句子

在这个层次上，需要解决的主要问题就是对句子做语法分析，这也被称作解析

(parsing)或者解译。解析的作用就是希望知道句子中词和词之间的关系。如下就是对一个句子"我明天要进行课堂汇报"解析后的结果。这是一个树结构,被称作依赖树(dependency tree),树上的弧线代表了两个词之间的依赖关系,如图 5-1 所示。

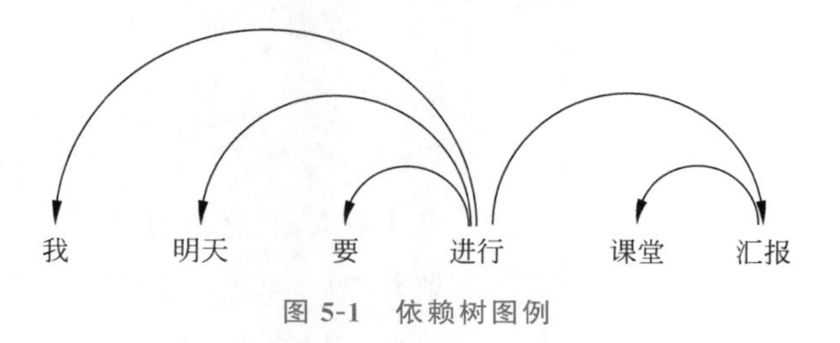

图 5-1　依赖树图例

根据依赖树可以知道,"进行"涉及两个主要方面,一个是它涉及的对象"汇报",另一个是"谁"做"进行"这个动作;"明天""要"是相对次要的方面;"汇报"前的"课堂"表示汇报的地点…… 这样的解译有助于理解句子。

3. 篇章

篇章是指由多个句子或者段落构成的有组织、有意义的文本。在这个层面,研究者关心句子之间是如何衔接的,从而让语义连贯。在这个层面涉及的任务有:问答系统,自动摘要,指代消解等。

5.4　词的表示

1. 传统表示方法

传统的词表示方法是使用一个字符串。例如,"旅店""school"。和这种表示方法性质相同的是独热向量(one-hot vector)表示方法。独热向量表示方法把一个词表示为一个向量。这个向量中只有这个词对应的位置为 1,其他位置都为 0。例如,

旅店=[0 0 0 0 0 0 0 1 0 0 0 0]

旅馆=[0 0 0 0 1 0 0 0 0 0 0 0]

雨雪=[0 0 0 0 0 0 0 0 0 0 0 1]

这种表示方法有两个缺点。第一,向量的维数通常很大。因为每一维对应一个词,所以一般来说这个向量维数就是一个字典中词的数目。为了能够表示尽可能多的词,这个维数会在几万以上,如 10 万或 50 万。第二,从这样的表示上看不出两个词之间的关系。用通常的向量运算(如减法,内积运算)看不出"旅店"和"旅馆"更相似,"旅店"和"雨雪"更远。

约翰·鲁珀特·弗斯(John Rupert Firth,1890—1960),英国语言学家。他长期在伦敦大学任教,是现代语言学伦敦学派的创始人。他认为语言是人类生活的一种方式,并非仅仅是一套约定俗成的符号。

约书亚·本吉奥(Yoshua Bengio,1964年3月5日—)在21世纪初就开始使用神经网络方法研究自然语言处理,在深度神经网络方面做出了一系列出色的工作。他和杰弗里·辛顿、杨立昆因为深度学习共同获得了2018年度图灵奖。

2. 词向量表示方法

词向量表示方法的一个重要思想是:理解一个词需要理解其上下文。("You should know a word by the company it keeps",J. R. Firth 1957)。"每一个单词出现在不同的上下文中就是一个新的单词"。可以举一个例子来解释这一思想。例如,中文句子"这本书没意思""不好意思,让你久等了",这两句话中的"意思"的含义依赖其前后的词。

在这样的指导思想下,一个词也用一个取值为实数的向量表示。例如,旅馆=[0.281 0.792 −0.155 0.101 0.220 0.343 0.221]。这样两个向量之间的距离就可以反映它们之间的关系。如图5-2所示就是一组词向量映射到二维空间后的分布情况。在图中,各类水果之间距离比较近,动物、代词也是这样。而这三大类互相之间的距离比较远。

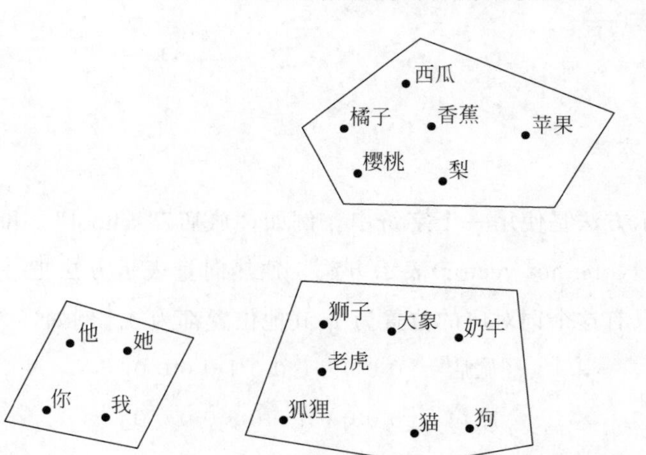

图5-2　一组词向量映射到二维空间后的分布示意图

目前性能最好的自然语言处理系统采用的就是词向量表示方法。这种方法也称为词嵌入(word embeddings)或者词表示(word representations)。

5.5 三大类方法

下面以机器翻译为例，介绍自然语言处理与理解中采用的三大类方法。在其他任务中，虽然具体的技术会不一样，但是它们的思路都比较类似。

1. 基于规则的方法

基于规则的方法是早期自然语言处理研究主要采用的方法。这种方法的主要思路是总结归纳出一套规则，在对一个具体句子进行翻译时，找到这套规则中适合这个句子的一条或几条进行翻译。

在这类方法中，总结出全面、完整的一套规则至关重要，而这也成为了研究中的主要困难。下面看几个具体的翻译示例。对于英译中任务，在句子“We shall have a symposium on Monday.（周一我们有一个研讨会。）”中，介词短语 on Monday 翻译成中文“周一”放在句首。假如据此总结出这样一条规则：把介词短语翻译的中文放在句首，这看起来是一个简单有用的规则。但是对于句子“We shall have a symposium on mathematics.”（我们有个数学研讨会。）就会翻译成“数学我们有个研讨会。”；对于句子“I have enjoyed hearing about your experience in Africa.”（我很乐意听你在非洲的经历。）就会翻译成“在非洲我很乐意听你的经历。”。这只是几个翻译示例。如果总结出其他的规则，也会遇到类似的问题。上面这几个句子的翻译可以让我们感受到一点其中的困难。

在实践中针对一个复杂问题，要总结出一套全面、完整的规则非常难。换句话说，要求这一套规则不多也不少、不出错、没有例外非常困难。

因此，规则的方法适用于某些简单的问题。这时，需要请对要解决的任务非常熟悉的专家总结出一套规则，来指导系统的实现。

规则系统的另一个问题是对于规则的维护比较困难。一个系统面对的实际问题一旦发生变化，就需要对系统中的规则进行修改、添加、删除等操作，而这也非常困难。

2. 基于统计的方法

这类方法的发展阶段大致在1990年～2010年这二十年中。其主要思路就是把统计学的思想、方法和技术用于机器翻译。简单地说，就是对大量的翻译语料（如中英文对照例句）进行统计分析，寻找其中的统计规律（如一个词的前后通常会出现哪些词），并利用这些规律进行翻译。例如，要把“I am a student.”翻译成中文。就可以对大量英译汉的句子进行统计，得到的可能是下面的结果：

$$p(\text{我} / \text{“I am a student.”}) = 0.95$$

即：要翻译的英文句子是“I am a student.”时，第一个中文字是“我”的概率是 0.95。因此，第一个字就翻译为“我”。

$$p(\text{是} / \text{“I am a student.”“我”}) = 0.96$$

即：要翻译的英文句子是“I am a student.”，并且第一个中文字是“我”时，第二个字是“是”的概率是 0.96。因此，第二个字就翻译为“是”。类似地可以得到下面的结果：

$$p(\text{一个} / \text{“I am a student.”“我是”}) = 0.70$$

$$p(\text{学生} / \text{“I am a student.”“我是一个”}) = 0.98$$

$$p(\text{。} / \text{“I am a student.”“我是一个学生”}) = 0.98$$

这样，就得到了翻译的最后结果：“我是一个学生。”这里的句号“。”被当作一个词来翻译。

在这类方法中，需要用语料训练一个模型，得到各个词之间关系的概率，然后再把训练好的模型用于实际的翻译任务。这与计算机视觉、计算机听觉采用的思路相同。这个阶段得到了很多成果，是一个非常重要的阶段。

基于统计方法的机器翻译(statistical machine translation，SMT)也存在很多问题。下面举几个例子。

语言问题很复杂，因此需要针对每一个特殊的语言现象做特殊考虑，如中文中“把”字句就比较特殊。“小明擦了桌子”说成“小明把桌子擦了”，这就需要针对这种现象进行分析，使得翻译的词的顺序是正确的。另外，“在食堂吃”说成“吃食堂”，也需要针对这种情况做特殊考虑。

需要维护外部词库一类的数据库。在分析自然语言时，需要用到很多的字典或数据库，如地名字典、机构名称字典、成语字典等。除了建立字典，还需要对字典维护好，如修改、添加、删除。

机器翻译系统涉及很多模块，每一个模块都很复杂，都需要一个专门的团队来完成。团队之间的协作非常困难。

此外，当需要翻译一种新的语言时，所有的上述过程需要重新进行一遍。

3. 基于深度学习的方法

在深度学习时代，机器翻译系统的输入是要翻译的句子，输出是翻译好的句子，中间的模型是一个深度神经网络。神经网络结构可以是 LSTM、Transformer 等序列神经网络模型。和解决计算机视觉问题一样，机器翻译的神经网络方法也是利用大量成对的两种语言的句子，端到端地训练这个神经网络。

5.6 Transformer

Transformer 是一个针对自然语言处理与理解的模型。这个模型比较复杂。下面介绍它采用的一些关键技术。

1. 编解码框架

Transformer 采用了如图 5-3 所示的编解码框架(encoder-decoder framework)。输入 x_1、x_2、x_3、x_4 构成的句子(字词序列),经过“编码器”将其映射到一个被称作语义空间(sematic space)的向量空间,然后将其“语义”向量经过“解码器”翻译为 y_1、y_2、y_3 构成的新的句子(字词序列)。这个过程类似于人在翻译时的工作过程,先对于要翻译的句子进行理解(编码),然后再翻译为另一种语言(解码)。

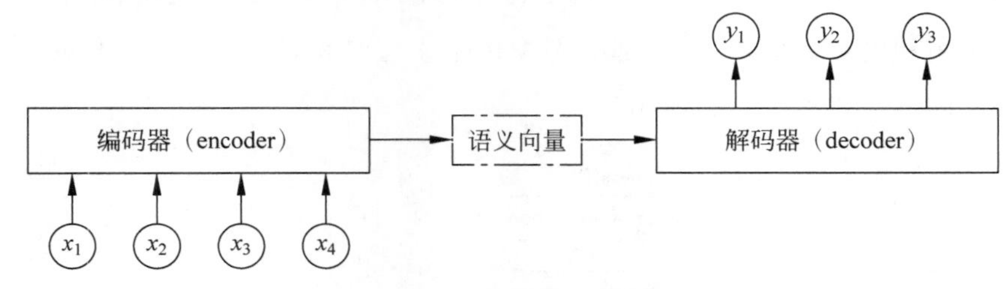

图 5-3　机器翻译的编解码框架

有意思的是,经过编码以后得到的向量有语义的成分。如图 5-4 所示是一个机器翻译系统中的几个句子的语义空间向量在二维空间展开的情况。句子“我在操场上被她搀扶着”,和“在操场上,她搀扶着我”,两句话词的顺序很不一样,并且一个是主动句,另一个是被动句。按照以前的方法,很难得到这两个句子意思相近的结论。但是人们知道,这两句话说的是同一件事,而在语义空间中它俩距离比较近。

对于句子“在操场上,她搀扶着我”“在操场上,我搀扶着她”。这两个句子大致的结构、用词差不多,只不过主语和宾语不同,当然含义就不同。在语义空间中,这两个句子的向量距离则比较远。

这样的向量空间包含了句子的语义信息:语义相似的句子距离比较近,语义不相似的句子距离比较远。得到句子的语义,是研究自然语言处理与理解的关键。这有利于完成自然语言处理的一系列任务。

2. 多层编解码结构

计算机视觉任务中的模型采用了多层卷积神经网络,从而很好地获得了各级特征,以

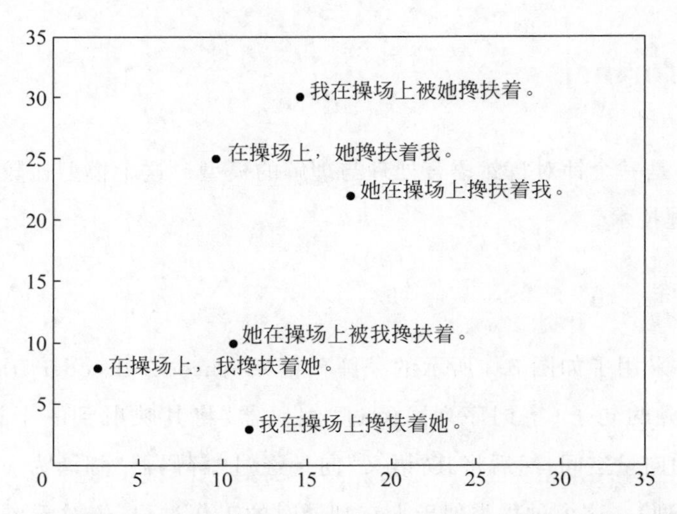

图 5-4　一个机器翻译系统中的几个句子的语义空间向量在二维空间的展开

及特征之间的关系。在 Transformer 中也是这样，为了能够提取词、词组、短语、句子，以及句子之间的关系和语义信息，编解码部分都采用了多层结构，如图 5-5(a)所示。其中的编码器和解码器的结构如图 5-5(b)所示。

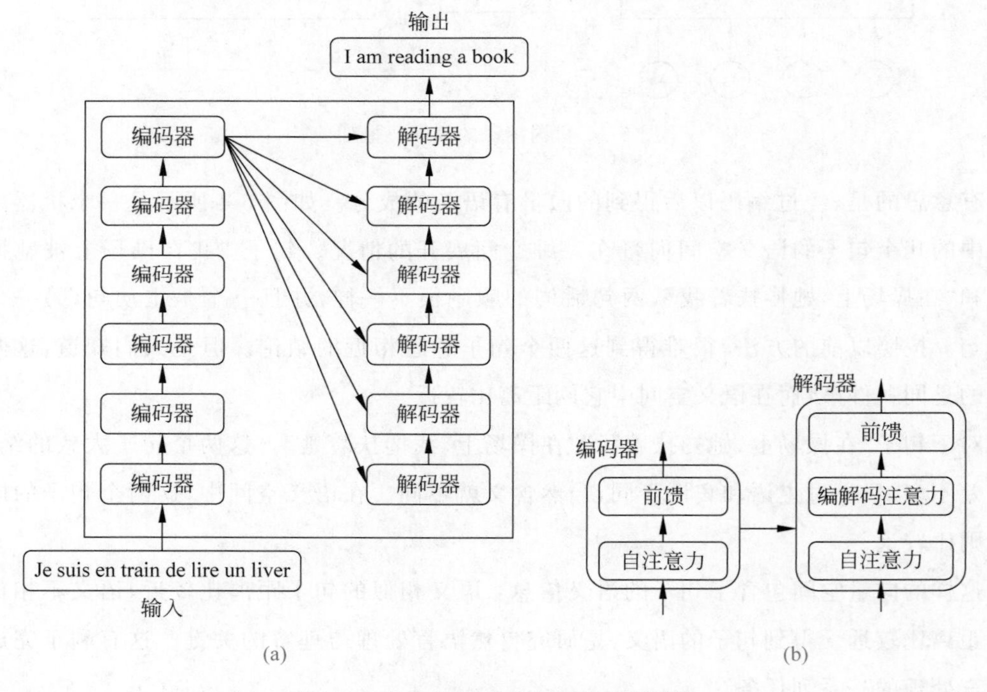

图 5-5　Transformer 的多层编解码结构

数据通过低层的注意力和自注意力模块，模型获得了词之间的关系。在更高层，逐渐获得了词组、短语、句子及句子之间的关系。在自注意力模块之后连接一个前馈网络，对获得的特征进行非线性变换。

和卷积神经网络不同的是，这里使用了"自注意力"模块。

3. 注意力与自注意力

对于图 5-6(a)，如果要求人们只关注图中的小狗，基本上人们的注意力就如图 5-5(b)所示，白色的区域是人们关注的地方。如果白色的区域是一个非黑即白的地方，那就是只关注一个非常明确的、有边界的区域，一点也不关注黑的地方，这被称作硬注意力(hard attention)。但是人的注意力通常不是这样，而是如图 5-6(b)所示，白色区域中间是最被关注的地方。距离中心越远的地方，被关注的程度也越小，这被称作软注意力(soft attention)。在目前的 Transformer 模型中，用到的是软注意力。

(a)

(b)

图 5-6 注意力示例

注意力这样的机制可以用如下数学公式来表示：

$$V(x) = \sum_{n=1}^{m} w_n V_n \tag{5-1}$$

式中，V_n 表示第 n 个被关注对象的值；w_n 是第 n 个被关注对象的权重。得到的 V 是对 m 个对象的关注的总和。如果 w_n 越大，说明 V_n 受到的关注就越多，如图 5-6(b)中比较白的区域的像素；w_n 比较小，说明 V_n 受到的关注就比较少，如图 5-6(b)中比较暗的区域的像素。图 5-6(b)就是把对图像中狗的注意力可视化的结果。

注意力机制也可以用于自然语言处理。比如分析下面这句话中各个词之间的关系，"峨眉山的猴子在吃香蕉因为它很饿"。如果"它"的注意力在"猴子"，如图 5-7(a)所示(颜色深表示注意力的权重大)。就说明"它"和"猴子"这两个词存在某种关系。我们知道，这句话中，"它"就是指"猴子"。看起来，注意力机制得到的词之间的关系对于理解句子是有帮助的。

由于这里关注和被关注的词都来自同一个句子，因此被称作自注意力(self-attention)。

当然，研究人员希望"它"对"猴子"的注意是这个模型自己"找到"的，而不是由人指定的。不仅如此，实际上"它"还和其他词有关，研究人员还希望"它"关注到"很饿"和"吃"。如果这样，由于需要关注的词太多，导致一个注意力模块负担太重而无法"找到"需要关注的所有词。因此，在 Transformer 中一个注意力模块只负责找到一个关注点，如"猴子"，这样的一个注意力模块被称作是一个"头"。为了让它能找到更多的关注点，就设置了多个"头"。头的个数与需要输入的序列长度和复杂程度有关。图 5-7(a)所示的是，不同的颜色深浅代表不同的头和注意力的情况。

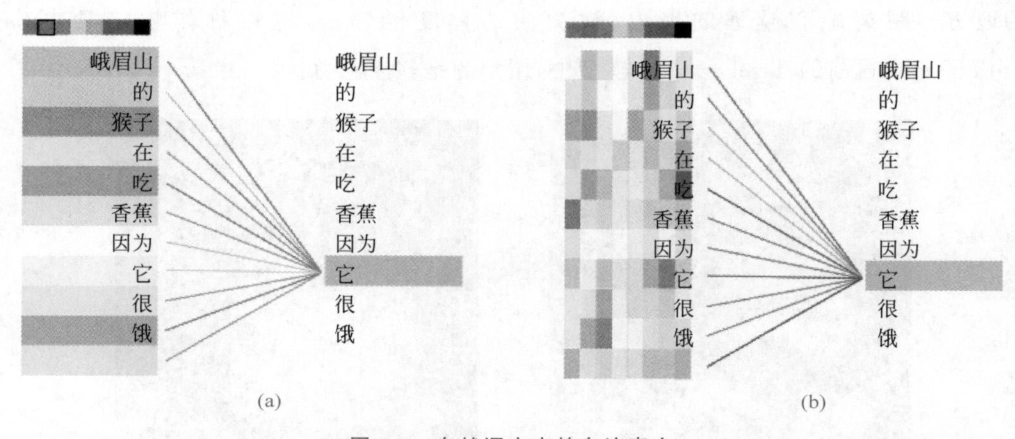

图 5-7　自然语言中的自注意力

这里的"头"(脑袋)用得很形象。一个脑袋的关注力有限，因此让它只关注一个点。但是要解决的语言问题又很复杂，因此就多准备几个脑袋来解决它，让不同的脑袋关注不同的点。

4. 注意力的计算

注意力是按照式(5-1)计算的。下面以句子"峨眉山的猴子在吃香蕉因为它很饿"为例，解释注意力的计算。

假设当前已经知道了其中每一个 token(在英文中，它是比单词更小的单位，如词根、词缀等子部分)的向量：$\boldsymbol{v}$(峨眉山)，$\boldsymbol{v}$(的)，$\boldsymbol{v}$(猴子)，…，$\boldsymbol{v}$(它)，…，如果需要计算句子中的"它"对于"猴子"的注意力，就可以计算$\boldsymbol{v}$(猴子)和$\boldsymbol{v}$(它)两个向量的内积，以此作为其注意力权重的依据。$\boldsymbol{v}$(它)和每一个词向量计算内积，就可以得到"它"对于每一个词的权重。最后把这些权重归一化，就构成了最后的注意力权重向量 $\boldsymbol{w}$。归一化就是计算"它"对于每一个词的权重之和 S，每一个权重再除以 S。归一化的一个目的是为了所有的权重向量之间可以比较。

例 5.1　注意力的计算。假设 $\boldsymbol{v}$（峨眉山）=[1,3]，$\boldsymbol{v}$（的）=[1,1]，$\boldsymbol{v}$（猴子）=[3,1]，$\boldsymbol{v}$（它）=[4,2]，可以计算 $\boldsymbol{v}$（它）与 4 个向量的内积如下：

内积（$\boldsymbol{v}$（猴子），$\boldsymbol{v}$（它））=3×4+1×2=14；内积（$\boldsymbol{v}$（峨眉山），$\boldsymbol{v}$（它））=1×4+3×2=10；

内积（$\boldsymbol{v}$（的），$\boldsymbol{v}$（它））=1×4+1×2=6；内积（$\boldsymbol{v}$（它），$\boldsymbol{v}$（它））=4×4+2×2=20

下面对内积做归一化。上面 4 个内积总和为 14+10+6+20=50。归一化后的权重为

内积（$\boldsymbol{v}$（猴子），$\boldsymbol{v}$（它））/50=7/25；内积（$\boldsymbol{v}$（峨眉山），$\boldsymbol{v}$（它））/50=1/5；

内积（$\boldsymbol{v}$（的），$\boldsymbol{v}$（它））/50=3/25；内积（$\boldsymbol{v}$（它），$\boldsymbol{v}$（它））/50=2/5

2/5，7/25，1/5，3/25 就是“它”分别对于“它”“猴子”“峨眉山”“的”的注意力权重。

在 Transformer 模型中，并不是利用两个 token 的向量直接计算内积，而是通过这两个向量向子空间投影，用投影后的两个低维向量计算内积。如上所示，再用这些内积计算权重向量 $\boldsymbol{w}$。最后，用这些权重对被注意的向量加权求和来更新“它”的向量 $\boldsymbol{v}$（它）。

例 5.2　注意力的计算。假设 $\boldsymbol{v}$（峨眉山）=[1,3]，$\boldsymbol{v}$（的）=[1,1]，$\boldsymbol{v}$（猴子）=[3,1]，$\boldsymbol{v}$（它）=[4,2]，如果这些向量向两个子空间 $\boldsymbol{s}_1$=[1,1]，$\boldsymbol{s}_2$=[3,1]分别投影，分别计算“它”对于“峨眉山”“的”“猴子”“它”的注意力权重。

首先计算 4 个向量在子空间 $\boldsymbol{s}_1$=[1,1]上的投影向量（这里投影后的向量是一个一维标量）：

$\boldsymbol{v}_1$（峨眉山）=1×1+3×1=4；$\boldsymbol{v}_1$（的）=1×1+1×1=2；

$\boldsymbol{v}_1$（猴子）=3×1+1×1=4；$\boldsymbol{v}_1$（它）=4×1+2×1=6

计算 $\boldsymbol{v}_1$（它）与其他向量的内积如下：

内积（$\boldsymbol{v}_1$（猴子），$\boldsymbol{v}_1$（它））=4×6=24；内积（$\boldsymbol{v}_1$（峨眉山），$\boldsymbol{v}_1$（它））=4×6=24；

内积（$\boldsymbol{v}_1$（的），$\boldsymbol{v}_1$（它））=2×6=12；内积（$\boldsymbol{v}_1$（它），$\boldsymbol{v}_1$（它））=6×6=36

对内积做归一化。上面 4 个内积总和为 96。归一化后的权重为

内积（$\boldsymbol{v}_1$（猴子），$\boldsymbol{v}_1$（它））/96=1/4；内积（$\boldsymbol{v}_1$（峨眉山），$\boldsymbol{v}_1$（它））/96=1/4；

内积（$\boldsymbol{v}_1$（的），$\boldsymbol{v}_1$（它））/96=1/8；内积（$\boldsymbol{v}_1$（它），$\boldsymbol{v}_1$（它））/96=3/8

3/8，1/4，1/8，1/4 就是“它”分别对于“它”“峨眉山”“的”“猴子”的注意力权重。

然后计算 4 个向量在子空间 $\boldsymbol{s}_2$=[3,1]上的投影向量（这里投影后的向量也是一个一维标量）：

$\boldsymbol{v}_2$（峨眉山）=1×3+3×1=6；$\boldsymbol{v}_2$（的）=1×3+1×1=4；

$\boldsymbol{v}_2$（猴子）=3×3+1×1=10；$\boldsymbol{v}_2$（它）=4×3+2×1=14

计算 $\boldsymbol{v}_2$（它）与其他向量的内积如下：

内积（$\boldsymbol{v}_2$（猴子），$\boldsymbol{v}_2$（它））=10×14=140；内积（$\boldsymbol{v}_2$（峨眉山），$\boldsymbol{v}_2$（它））=6×14=84；

内积($\boldsymbol{v}_2$(的),$\boldsymbol{v}_2$(它))=4×14=56;内积($\boldsymbol{v}_2$(它),$\boldsymbol{v}_2$(它))=14×14=196

对内积做归一化。上面4个内积总和为476。归一化后的权重为

内积($\boldsymbol{v}_2$(猴子),$\boldsymbol{v}_2$(它))/476=5/17;内积($\boldsymbol{v}_2$(峨眉山),$\boldsymbol{v}_2$(它))/476=3/17;

内积($\boldsymbol{v}_2$(的),$\boldsymbol{v}_2$(它))/476=2/17;内积($\boldsymbol{v}_2$(它),$\boldsymbol{v}_2$(它))/476=7/17

7/17,3/17,2/17,5/17就是"它"分别对于"它""峨眉山""的""猴子"的注意力权重。

根据上面例子可以知道,词向量向不同的子空间投影后得到的注意力权重是不同的。因此用这些权向量更新后的向量也就不同。

那么词向量应该向哪个子空间(对应于投影矩阵)投影才更合适呢?在Transformer模型中,投影的子空间是模型的参数,是在模型训练中学习得到的。

图5-8给出了"machine learning"这个短语的注意力计算过程和词向量的更新过程。首先"machine ""learning"两个词向量 $\boldsymbol{x}_1$、$\boldsymbol{x}_2$ 分别向一个子空间投影,得到查询向量 $\boldsymbol{q}_1$、$\boldsymbol{q}_2$,然后再分别向两个子空间投影得到键向量 $\boldsymbol{k}_1$、$\boldsymbol{k}_2$ 和值向量 $\boldsymbol{v}_1$、$\boldsymbol{v}_2$;用 $\boldsymbol{q}$、$\boldsymbol{k}$ 两个向量计算内积,得到图中的①② ;然后除以 $\sqrt{d_k}$,其中,d_k 是 $\boldsymbol{q}$、$\boldsymbol{k}$、$\boldsymbol{v}$ 的维度($\boldsymbol{q}$、$\boldsymbol{k}$、$\boldsymbol{v}$ 的维度相同),得到了各个权重③④ 。在Transformer模型中,使用Softmax函数对权重进行归一化,得到归一化后的权重⑤⑥,其计算公式如下:

$$\boldsymbol{z} = \text{Attention}(\boldsymbol{q}, \boldsymbol{k}, \boldsymbol{v}) = \text{Softmax}\left(\frac{\boldsymbol{q} \cdot \boldsymbol{k}^{\mathrm{T}}}{\sqrt{d_k}}\right)\boldsymbol{v}$$

$$\text{Softmax}(\boldsymbol{x}_i) = \frac{\mathrm{e}^{x_i}}{\sum_j \mathrm{e}^{x_j}}$$

最后使用归一化后的权重对值向量 $\boldsymbol{v}_1$、$\boldsymbol{v}_2$ 加权求和,得到最后的更新向量 $\boldsymbol{z}$。

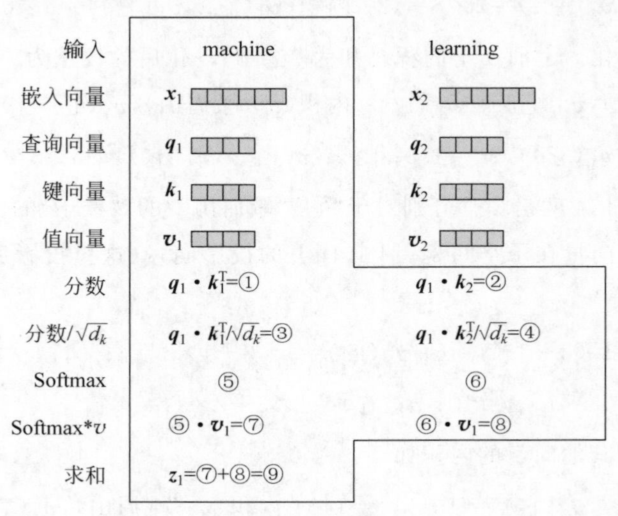

图5-8 注意力权重的计算过程

5. 注意力与卷积操作的比较

在计算机视觉章节中介绍了卷积操作。一个 3×3 的卷积操作就是用 3×3 的模板上的数值和图像对应的像素灰度相乘，然后对所有的乘积求和。其公式也就是式(5-1)的形式。所以，卷积模板中的参数也可以看成注意力的权重。卷积操作就是按照每一个模板确定的注意力模式去寻找图像上对应的片段。简单地说，也就是在关注的一个图像的小的片段内，各个像素灰度之间的关系。

既然这二者之间的操作很相似，为什么在这里不直接使用卷积操作，而使用一个所谓新的“注意力”模块呢？

可以发现，卷积模板通常都比较小。这样做有两个原因：一方面是在提取特征时，图像中一个像素的灰度通常只和它一个小范围内的灰度有关。例如，一张桌子上有水杯、书和笔。书上一个像素周围的像素基本上仍然是书。但是和它比较远的地方可能是水杯、笔、桌面或者是其他物体。书上一些局部的特征和周围的物体(水杯、笔、桌面)的局部特征之间的关系一般不够紧密。因此，局部的卷积操作对于物体的识别通常更有意义。另一方面，做一个 3×3 的卷积，会导致图像的周边有一个像素宽的边无法得到有意义的卷积结果。如果卷积核非常大，卷积结果中有意义的区域会非常小。

而在一个句子中，一个词不只是和周围很近的词有关，也和比较远的词有关。如图 5-7 所示，“它”不只和“饿”有关，也和“猴子”有关。如果要采用卷积的方法寻找句首和句尾词的关系，这个卷积核就需要非常大，而卷积就无法操作和执行。特别是在一些长的文章中，如果要分析“首尾呼应”现象，就要分析更远的词之间的“注意”关系。

5.7　BERT

来自 Transformer 的双向编码器表示(bidirection encoder representations from Transformers，BERT)是一个基于 Transformer 的模型。其特点是利用了自然语言本身的特点，设计了两种自监督学习(self-supervised learning)方式，从而在不需要专门请人标注数据的情况下，做好了模型的训练，并能完成一些自然语言处理与理解的任务，如图 5-9 所示。

根据前面章节的内容可以知道，在模型训练阶段，通常需要对数据进行标注，利用标注好的数据训练一个神经网络，如图像分类就是这样。在自然语言处理中，对于机器翻译这个任务，可以利用已经存在的两种语言之间的对应例句作为标注数据训练模型。而自然语言处理的任务很多，如果要完成其他任务，如何训练一个语言模型？

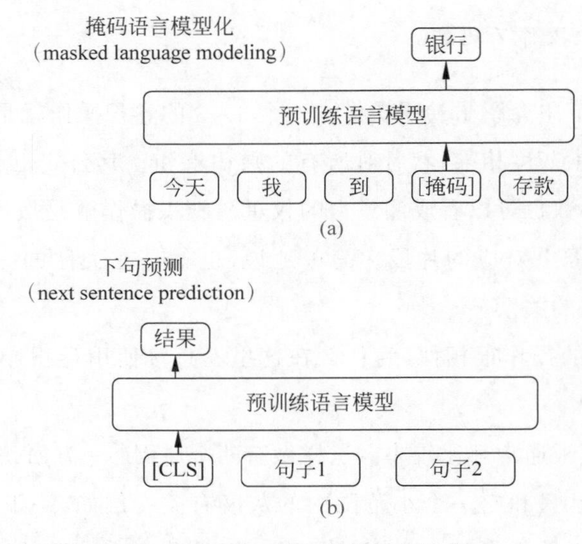

图 5-9 BERT 的两个自监督任务

BERT 的一个做法如下。对于一句话，如“今天我到银行存款”，如果随机选择其中的一个词，如“银行”，将其遮蔽掉，要求这个模型利用这个词周围已有的词来恢复这个词。在这样的任务中，被遮蔽的词实际是已经知道的，可以作为这个训练数据的标签。而现有的句子是大量的，就可以产生大量的训练数据。为了能够把被遮蔽的词恢复出来，“逼着”这个模型对于句子中各个词之间关系建模，如图 5-9(a)所示。

BERT 的另一个做法是又设计了一个新任务：判定两个句子是否是一前一后的两句话。为此，就从文本中选择了一前一后两句话，作为先后关系正确的数据，标签为 1。然后又随机选择了两个不是先后关系的句子，作为先后关系错误的数据，标签为 0。因为已有的文本非常多，因此就可以生成大量的包含正确顺序和错误顺序的句子对作为输入的训练样本，让模型在输出端输出 1(顺序正确)，或者 0(顺序错误)。这是一个两类分类问题。用这个任务训练的模型，就具有能力在第一句话后面很好地衔接第二句话，如图 5-9(b)所示。

这两个任务都是通过程序自动生成的训练数据，而不是由人工专门标注的数据，所以这样的自监督学习更容易实现。

因此，BERT 的第一个任务是为了一句话说得很顺畅，第二个任务是为了第二句话和第一句话衔接得好。这是自然语言处理与理解中非常核心的问题。所以，这个模型就具有了完成其他任务的基础。这类模型被称作预训练模型(pre-trainning model)。训练好这个模型后再在其他任务中微调(fine tune)，也就是利用其他任务的训练数据在这个模型上继续训练，从而具备了很好地完成其他任务的能力。

5.8　OpenAI 公司的 ChatGPT

OpenAI 公司在 2018 年研制了生成式预测训练 Transformer（generative pre-trained transformer，GPT）模型，并对它不断改进得到了 GPT-2、GPT-3 和 ChatGPT。

GPT 模型采用了自监督学习方式进行预训练。和 BERT 不同，给定一个句子或者几个连续的句子时，GPT 利用句子前面的词序列来预测下一个单词。当然，这样的数据非常多，能够满足训练好一个模型的要求。

此外，自然语言处理与理解中的任务非常多。看下面这个例子。当给了一句话，“我喜欢这本书”。如果要判断这句话的情感倾向是正面还是负面，这就是一个情感分类问题；如果要判断这句话是否符合语法，这就是一个语法判断分类问题；如果要判断这句话的主题，这就是一个句子主题分类问题。虽然输入的都是同一句话，但是由于分类的任务不同，通常就需要对每一个任务设计一个分类模型。

如何把这些不同的任务都用一个模型来完成？ChatGPT 使用了提示学习（prompt learning）技术解决了这个问题。

提示学习把上面举例中的分类问题转化成一个语言生成问题：输入“我喜欢这本书，我的情感是______”输出是：正面。通过加入了“我的情感是”这样的提示信息，使得需要模型的输出有了具体方向。通过提示学习的方法，就可以让一个模型能够完成各种任务。当需要完成不同的分类任务时，就可以把任务的要求以“提示”的方式“告诉”模型。因此，ChatGPT 就可以用同一个模型实现机器翻译、问答、文本生成、文本摘要等各种任务。

ChatGPT 在 GPT-3 的基础上还采用了下面三个步骤继续训练网络。

（1）取出提示学习的数据集的一部分数据，如“我喜欢这本书，我的情感是______”，请人专门标注提示的答案，如“正面”。并用这些标注好的数据在 GPT-3 的基础上继续训练网络。

（2）由于 GPT-3 是生成模型，所以对于提示数据集中其他的数据，模型可以生成多个答案。如对一个物理现象的解释可以有多种答案一样。这时，请人对这些答案的好坏排序。利用这些带有排序信息的数据训练另一个模型来自动评判答案的好坏，这被作为一个奖励模型用于下面一步。

（3）采用强化学习（机器学习章节中的内容）方法继续优化 GPT-3 模型。

经过上述步骤，就可以大幅提高模型的性能。

除了 ChatGPT，被提出的其他一些预训练大模型都是以 Transformer 为基础模块，用大量数据进行自监督学习的预训练模型。

5.9 一个机器翻译的例子

下面看一段英译中的例子。给定下面这段英文：

“Meetings, seminars, lectures and discussions represent verbal forms of information exchange that frequently need to be retrieved and reviewed later on. Human-produced minutes typically provide a means for such retrieval, but are costly to produce and tend to be distorted by the personal bias of the minute taker or reporter.”

在2015年以前，其一个翻译系统的中文译文如下：

“会议，研讨会，演讲和讨论代表频繁地需要以后被检索和被回顾信息交换的的口头形式。人被生产的分钟典型地提供手段为这样的检索，但是昂贵生产和倾向于由周详接受人或记者的个人偏心变形。”

2020年这个系统的升级版本给出的译文如下：

“会议、研讨会、讲座和讨论是口头形式的信息交流，经常需要在以后检索和审查。人工制作的会议记录通常为这种检索提供了一种手段，但制作成本很高，而且容易被记录者或报告者的个人偏见所扭曲。”

从上面这个例子中可看出，2015年以前翻译结果中的用词和词的顺序等都导致了翻译出来的句子无法被人理解，而2020年的翻译有了长足的进步。

5.10 机器对话和问答

机器对话和问答是人工智能里面特别重要的应用。和机器翻译的研究类似，机器对话和问答方法也有传统的方法和深度神经网络方法。

当前，预训练语言大模型已经能够很好地进行对话和问答。根据大量的对话和问答结果，人们发现，这些预训练大模型中具有了大量常识。同时也发现，它的对话内容不能保证是完全正确的。它是会出错的。

对话举例

请扫描二维码，阅读几个对话系统的对话举例。

5.11 文本生成

文本生成，包括写故事、写诗等。和机器翻译的研究类似，该方面的研究也有传统方法和深度神经网络方法。

下面列举几个文本生成系统的例子。

1. 诗歌

科普杂志《科学》(*Scientific American*)于 20 世纪 90 年代刊登的一个诗歌生成系统，它采用了固定的诗歌模板，然后按照模板添加词语生成诗歌。该系统生成了一首诗歌：

一位妇人藏了五只灰色的小猫

在破旧的汽车里

此时那位哀伤的乡农

唤起你痛苦的回忆

2. 九歌

清华大学计算机系研发了一个诗歌生成系统——九歌(http://jiuge.thunlp.org/)。它生成的一首诗如下：

诉别离

离别恨难分

琵琶不忍闻

断肠空有泪

明月已无魂

3. 微软对联生成器

微软公司研制了对联生成器(http://duilian.msra.cn/intro/intro.htm)。对联生成器可根据上联生成下联。

上联：苏堤春晓秀

下联：平湖秋月明

4. 薇薇诗歌生成器

这是清华大学语音与语言实验中心发布的一个系统。它生成的一首诗歌如下：

早梅

春信香深雪

冰肌瘦骨绝

梅花不可知

何处东风约

5. ChatGPT

2022年发布的ChatGPT也可以根据要求进行写作，包括写小说、诗歌、总结报告等，表现出很好的性能。

5.12 生成的文本的评价

在回归问题和分类问题中，算法的自动评价相对简单。因为每一个训练数据都有标签，测试系统时，只要判断算法的输出与数据的标签是否一致（分类问题），或者相差多少（回归问题）就可以得出系统的性能指标，如分类准确率，或者回归的误差。

但是在文本生成这个问题上，算法的自动评价比较困难。对于文本生成任务，通常来说没有一个标准答案，如诗歌、小说、总结报告的写作没有唯一的标准答案。两篇都是很优秀的诗歌从谋篇布局到文字使用可能完全不同。因此，不能像回归和分类问题一样可以让算法自动给出一个非常合理的评价结果。不只是文本的写作，在对话和问答系统、机器翻译系统中都存在这样的困难。

评价一段文本的好坏，从不同角度看会有不同的标准。为此，研究人员设定了一些评价准则用于评判文本生成的结果的好坏。下面列举几个。

(1) 正确性。生成的文本是否正确。

(2) 风格。用于判断生成的文本是否满足要求的风格。如：生成的文本是否是要求的诗歌？是否是七言绝句？生成的文本是否具有鲁迅的风格？

(3) 用词的多样性。生成的文本用词是否丰富和多样。在有些应用中，需要模型产生的文本包含丰富多样的词汇。

(4) 和输入的相关性。举例来说，如果要求系统以“诉别离”为题写诗歌，系统生成的诗歌与题目不相关，这一准则的评分就比较低。

(5) 针对性的一些指标。如生成摘要，评价生成的摘要长度是否符合要求，摘要长度和原文长度之比。如生成韵律诗歌，评价其韵律是否符合要求等。

上面这些指标仅仅是评价文本的一些方面。即使在这些方面评分都很高，生成的文本也未必是非常好的。当然上述这些指标不是都能够让算法自动计算的。因此，如何能够自动评价文本的质量就成为一个课题。

下面讨论其中一个指标：用词多样性的自动计算问题。

用词多样性可以有几种自动度量方法。熵是其中的一种度量方法：

$$d = -\sum_{i=0}^{n} p_i \log p_i \tag{5-2}$$

式中，p_i 是第 i 个词出现的频率；n 是出现的词的总数。d 越大，说明文本的用词多样性越强。

例 5.3　使用熵度量用词多样性的计算。

句子"峨眉山的猴子在吃香蕉因为它很饿"用到了 10 个词：峨眉山/的/猴子/在/吃/香蕉/因为/它/很/饿，每个词只出现了一次，所以，所有词的词频是 1/10。因此，熵的计算为

$$d=-10\times(0.1\times\log 0.1)=\log 10=1$$

句子"峨眉山的猴子在吃香蕉"用到了 6 个词：峨眉山/的/猴子/在/吃/香蕉，每个词只出现了一次，所以，所有词的词频是 1/6。因此，熵的计算为

$$d=-6\times(0.6\times\log 0.6)=\log 6$$

可以看到，第二个句子用词少，这个指标也就更小。

有些指标的自动计算有困难时，也可以采用人工评判方法。而人工评判也存在一些问题，下面列举几个。

(1) 速度和花费。人工评判时需要请人阅读生成的文本并给出评价。这通常比较慢，花时间比较多。另外还需要给评判人员付费，所以需要的花费比较多。

(2) 可能会出错。人会因为疲劳或其他原因导致评判出错。

(3) 评判结果可能不一致。评判人员可能因为个人的认知、情感、水平差异而给出不一致的结果。这不仅发生在不同的评判人员之间，同一个评判人员的两次评判也可能不同。

类似文本生成的自动评判问题在图像的生成、音乐自动生成中也会出现。

5.13　基于深度学习方法的优缺点

1. 优点

深度学习方法采用了大量的数据对大模型进行训练，取得了很好的性能。其优点如下：

(1) 生成的句子非常流畅。

(2) 能够很好地对已有的训练数据总结、归纳和综合，生成高质量的文本。

(3) 短语之间的相似性在隐含空间能够很好地体现。

(4) 具有端到端训练方法的优点。

(5) 当涉及新的语言或者新的应用领域(如科技领域)时，只需要提供相应的数据，而不需要人工设计和提取特征。

2. 缺点

上面这些优点让自然语言处理与理解算法可以落地变为产品。特别是 ChatGPT 的出现,进一步推动了技术的发展和应用。当然,以 ChatGPT 为代表的深度学习系统也有如下缺点。

(1) 可解释性比较差。

以机器翻译任务为例,在基于规则的翻译方法中,当出现错误的时候,可以根据被误翻的句子在系统中经过的"轨迹",找到出错的"位置",从而发现原因,纠正错误和改进系统。但是在神经网络机器翻译方法中,神经网络模型从功能上可以完成翻译任务,但是其内部结构非常复杂,和人的翻译过程并不对应。因此,无法很好地解释在翻译过程中发生了什么。

(2) 缺少符号和逻辑的学习机制。

一些预训练大模型在对话系统中表现出了一些推理功能,但是这些推理是对于已有的训练数据"综合"和"插值"的结果,而不是根据推理机制得到的。因此它不能对新的推理任务实现"外推",不能保证推理的正确性。其根本原因是模型缺少纯逻辑的推理和计算机制。而对于很多问题,特别是一些数学问题,不采用逻辑的方法是不可能很好地解决的。

(3) 新词问题。

当出现了系统没有见过的新词时,系统无法理解该词。从技术角度看,这是可以理解的。社会在发展,也因此不断会出现一些新词;科学与技术的进步也会创造出新的知识,也因此会出现一些新的术语,这给自然语言处理与理解系统带来了挑战。

(4) 训练语料和应用环境不一致带来的问题。

举一个例子,如果在训练一个中英翻译系统时使用的是大量的文学作品中的中英对应句子(训练语料),而想把这个翻译系统用于翻译中文的工程技术文献(应用环境)时,这个系统的性能就会比较差。这个系统学会了文学作品的词汇、风格、表达和翻译方法,但是工程技术领域文献的用词、表达习惯、语言风格和文学作品相去甚远。因此,这个系统的翻译就达不到很好的效果。与之类似,如果用工程技术领域的语料训练了一个翻译系统,并将其用于翻译诗歌,系统的表现也会比较差。因此就要求训练的数据和应用时的数据在统计上是一致的。对于这个问题,可以增加应用环境的语料来训练翻译系统,这样这个问题可以得到缓解。

(5) 知识的获取和使用。

在理解语言时需要很多知识。如何获取知识、表示知识和使用知识是重要的问题。这在知识表示章节会讨论。在当前的预训练大模型中已经包含了一些知识,特别是一些常识。而且从知识的使用方面已经有了很好的表现。进一步的问题是如何保证它获得的知识是正确的。除了自然语料外，还有一些知识是人们总结出来的、以符号形式表示的，如何在自然语言处理与理解系统中使用这些知识也是重要的课题。

（6）成语、俗语的理解。

语言中的成语、俗语的理解和翻译也往往是困难的课题。例如系统会把“我一出火车站就不知道东南西北了”翻译成“As soon as I leave the railway station，I don’t know the southeast and northwest”。随着时间推移，系统可以使用的数据会越来越多，这个问题也会逐步得到缓解。

（7）每种语言都可能存在一些特殊的语言现象。

下面举一个中文的例子。中文中有一个修辞手法叫互文见义，这给机器翻译带来了一些困难。例如，系统会把“他穿的左一件右一件”翻译成“He’s wearing one on the left and one on the right.”(ChatGPT 2023，3)。另外，如果有一种语言“他/她”不分，那么类似这样一句话“ta 是一个护士”要翻译成英文该怎么办？

5.14　自然语言处理与理解模型成功的原因与给我们的启示

通过对自然语言处理与理解的研究，人们对于智能、智能任务、人工智能技术的发展有了一些新的认识。

自然语言处理的不同任务对文本的理解程度的要求是不同的。如果只需要对一篇文章做一个大致的归类，如经济、艺术、工程等类别，只使用文章中用到的一组关键词就能够取得一个不错的性能。如图 5-10 所示，不需要读文章的内容，只看其中频繁出现的一组特异性的词，就能够大致了解文章的主题。这就是自然语言处理中曾经使用过的词袋（bag of words）模型和主题模型（topic model）的思想来源。当前的词云（word cloud）技术就是利用了这一思想。

图 5-10　根据一组频繁使用的特异性的词来判断文章的主题

ChatGPT 低层的注意力模块获得了各个词之间的相关关系，更新后的词向量就包含了它关注到的词向量的信息，因而更像是一个词组或者短语等。再向上的一些层的注意力模块获得的各个词之间的相关关系实际上是词组或者短语之间的关系。这样，在模型高层，注意力模块就能得到句子和句子之间的关系、一组句子和一组句子之间的关系。因为ChatGPT允许输入一万多个词，网络结构有几十层，所以模型可以注意到从词到篇章各个层次之间的语义的复杂关系。

根据研究发现，当模型的大小达到一定程度，训练数据达到一定程度的时候，预训练语言大模型性能会有一个明显提升。人们猜测，自然语言对世界的描述、表达方式等可能存在一个“边界”。当模型比较大并且数据足够多的时候，模型能够达到这个边界。

对于自然语言处理与理解的任务，可以使用和人不同的方式来完成。以ChatGPT为代表的模型和人的认知系统存在差异，但是也能较好地完成翻译、摘要、对话、写作等任务。

ChatGPT的一个模型能够完成所有的自然语言处理与理解任务，打破了以前各任务单独研究，彼此分离的状态。

ChatGPT可以以隐含的方式表示大量知识，特别是常识，并能够以一种更自然的方式使用知识。这是对于人工智能的一个贡献。

ChatGPT可以实现简单的不确定性推理和常识推理。这也是对人工智能的一个贡献。

理解自然语言，包括要理解说自然语言的人的文化、习惯和价值观。从图5-11可以知道，ChatGPT在这方面性能还不够好。文字不只是对客观世界的描述，还代表人的文化、观点、情感、价值观等。

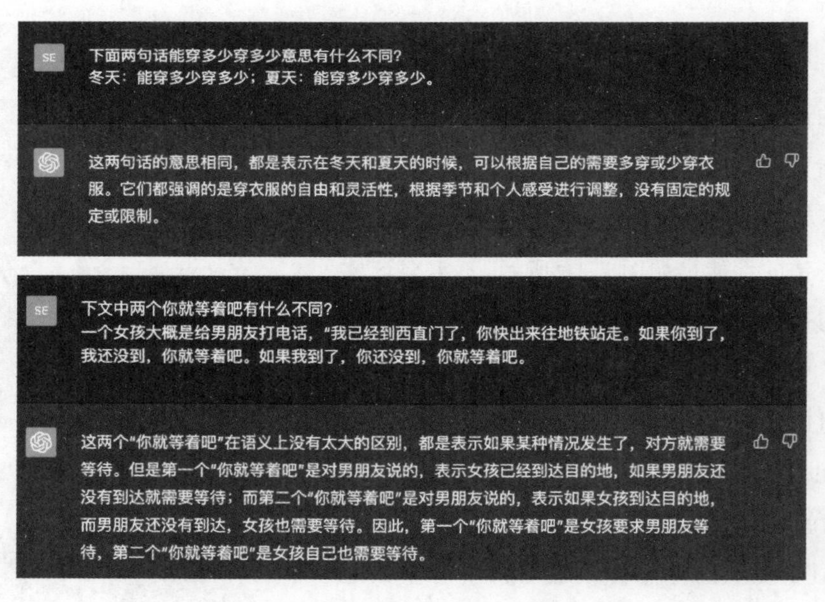

图5-11 **ChatGPT**对于一个问题的回答

理解自然语言，也包括理解语言和物理世界的对应。除了本章提到的机器翻译、对话和问答这样的任务外，人们还需要通过语言指挥机器人完成一定任务。如要求机器人到厨房做饭、在房间打扫。这些都需要机器人能够将自然语言指令和物理世界及机器人的操作相对应。而在这方面，只依靠语言模型是不够的。

5.15　语言的局限性

当前的预训练语言大模型在机器翻译、对话和问答、语言的生成方面取得的成果往往会给人一种错觉：这些大模型无所不知。特别是这些大模型使用了远远超过普通人所能够接触和阅读的语料量，超出了人所掌握的知识范围，这更会让人们产生这种错觉。而事实上，在智能这个问题上，语言本身具有局限性。仅仅通过语言训练的人工智能系统无法接近人类的智能。

1. 语言只承载了所有人类知识的一部分

人对于世界有很多的知识，其中只有一部分表现在语言上。很多知识不是用语言来表达的。下面举几个例子。

人们去九寨沟看到漂亮的自然风景会感叹“非常美”，看京剧演出会感叹“非常美”。但是，人对这两种美的感受是不一样的。但是在语言中并没有专门的词能够差异化地分别描述这两种情况。对于九寨沟，人们可能会用下面这些词来描述：“壮丽”“震撼”……但是这些词也只能描述感受的一部分，而不能描述人的完整的感受。为什么需要用一组词来描述？就是因为没有唯一的一个词能够准确地刻画这种感受。因此，只好使用一组词，从不同的角度描述。这只是说在人的感受方面。如果需要客观描述一张图，人们可能会用“碧蓝的湖水”“五彩的森林”等描述，或者用几百个字去很细致地描述。尽管如此，也仍然不能详尽准确地描绘一张图。这就是为什么“一图胜千言”。要想完整准确地描述一张图，最好就是用这张图，而不是用自然语言。

之所以会这样，根本原因在于语言是一个离散的符号系统。而人的感受或者对于图像的表达是连续的。要使用离散的符号系统表示一个连续空间范围，如果连续空间范围非常小、紧凑，并且有规律，就可以用一个单独的符号表示，这就是人们约定俗成的一些词汇。如果连续空间范围宽，没有规律，就无法用简单的一些符号准确表示。

对于图像是这样，对于声音、味觉、触觉也都有类似的问题存在。

2. 语言需要和物理世界结合

人们讨论的一个问题是这样的：假设有一个外星人到了地球，对地球一无所知。他阅读了用语言描绘地球世界的百科全书，是不是对地球无所不知了？

不是的。举个例子，虽然他读了书，知道红玫瑰、红牡丹是两种花。但是，如果不看到这两种花，他能区分出图 5-12 的两张图片吗？他能够理解玫瑰花的红色和牡丹花的红色的差异吗？因此，要理解这个世界，仅仅用语言本身是不够的。换句话说，视觉、听觉、触觉、味觉和嗅觉都承载了信息，而这些是语言不能够替代的。

图 5-12　红玫瑰与红牡丹

3. 人对于语言的理解离不开客观世界

认知科学告诉我们，人们对于语言的理解需要通过在大脑中模拟语言描绘的内容。比如说“不要想像一只大象”，这件事人做不到。这是因为人在理解这句话的时候一定会有对大象的想像和模拟。没有想像和模拟，理解是完不成的。换句话说，人们对世界的理解从来都不是仅靠语言。

5.16　进一步学习的内容

有很多大学开设了自然语言处理方面的课程，系统地介绍自然语言处理的理论、方法等内容。也有很多自然语言处理方面的教材、书籍。另外，可以阅读一些文章了解自然语言处理方面的进展。

下列是自然语言处理方面很有影响力的会议。

- Annual Meeting of the Association for Computational Linguistics
- Conference on Empirical Methods in Natural Language Processing
- The Annual Conference of the North American Chapter of the Association for Computational Linguistics
- International Conference on Computational Linguistics

- Conference on Computational Natural Language Learning

下列是自然语言处理方面很有影响力的杂志。

- *Transactions of the Association for Computational Linguistics*

可以扫描二维码阅读关于课程、教材、文章等方面的信息。

进一步学习的内容

练习

1. 请计算下面两句话的用词多样性指标："我/喜欢/吃/苹果/吃/苹果/有利于/健康""我/喜欢/吃/苹果/吃/水果/有利于/健康"。解释这两句话在这个指标上的差异。

2. 请计算下面三句话的用词多样性指标："今天/很/热""今天/很/热/热/死/了""今天/很/热/热/死/了/热/死/了/热/死/了",并解释这个指标在这三句话上的差异。

3. 考虑下面这句话："苹果/很/好吃",假设$\boldsymbol{v}$(苹果)=[3,2],$\boldsymbol{v}$(很)=[1,1],$\boldsymbol{v}$(好吃)=[3,1],请计算在向子空间[1,1]投影后,"苹果"对于"很""好吃"的注意力权重。

4. 在练习 3 中,如果希望"苹果"对于"好吃"的注意力权重超过 0.7,可以找到合适的子空间吗？如何找到这个子空间？如果希望"苹果"对于"好吃"的注意力权重超过 0.99,可以找到合适的子空间吗？为什么？

5. 在自然语言处理问题中,常常需要一个单词库(vocabulary),也被称作字典。单词库可以是通过模型训练学习的,可以是人工输入的,也可以是用程序从数据集中自动抽取的。但是,在后续处理过程中,有可能遇到不在单词库中的单词,这被称作 OOV(out-of-vocabulary)问题。请问：应该如何处理 OOV 问题？为什么？

6. 自然语言处理有许多经典任务。例如,命名实体识别(named entity recognition,NER)就是一个重要的基本问题,自然语言处理的目标是识别文本中具有特定意义的实体,通常包括人名、地名、机构名、日期时间、专有名词等。自然语言处理中还有哪些经典问题？它们的定义是什么？可以用什么方法解决？

7. Transformer 由编码器和解码器组成。其中,编解码部分均采用了多层结构,如图 5-4(a)所示。在编码器中,数据首先经过自注意力层,得到加权向量 $\boldsymbol{z}$,如图 5-4(b)所示。对于每个单词,输入数据包含 3 个长度相等的向量：查询向量 $\boldsymbol{q}$,键向量 $\boldsymbol{k}$,值向量 $\boldsymbol{v}$,记它们共同的维度为 d_k。取 $\boldsymbol{q}_1=[2,3,2,3]$,$\boldsymbol{k}_1=[1,4,1,4]$,$\boldsymbol{k}_2=[3,2,3,2]$,$\boldsymbol{v}_1=[1,1,1,1]$,$\boldsymbol{v}_2=[2,1,1,2]$,易知 $d_k=4$,请补全图 5-7 中的①～⑨。

8. 有一个在线训练模型的网站：https://ai.baidu.com/easydl/。请利用这个网站对一个语言任务模型进行训练。可以扫描二维码阅读对这个网站的操作文件。

在线训练模拟网站

第6章　知识表示与知识获取

6.1　为什么要研究知识表示与知识获取

在人工智能很多任务中都需要用到知识。例如，在自然语言问答系统中，如果要回答“亚里士多德用过计算机吗”，就需要知道亚里士多德生活的时间，计算机存在的时间，并且知道如果这二者之间没有时间的重叠，回答就一定是否定的。这些都是要回答这个问题需要的知识。再比如“他终于登上珠穆朗玛峰了”。人们都知道珠穆朗玛峰非常高，攀登这座山峰非常困难，这样也就能理解这里的“终于”表达的艰难。如果没有这些知识，可能只是知道一个人爬了一座山。

爱德华·费根鲍姆（Edward Feigenbaum，1936年1月20日—），美国计算机科学家，专家系统之父。

他是人工智能知识系统倡导者之一，是知识工程的奠基人。他和合作者在1968年设计和开发了第一个成功的专家系统DENDRAL。他因设计与构建大规模人工智能系统的先驱性贡献，展现了人工智能技术在实际应用中的重要性和潜在的商业影响而与罗杰·瑞迪（Raj Reddy）共同获得了1994年图灵奖。

罗杰·瑞迪（Raj Reddy，1937年6月—），印度裔美籍计算机科学家。主要研究领域包括人工智能、语音理解、图像识别、机器人等。他因设计与构建大规模人工智能系统，与爱德华·费根鲍姆（Edward Feigenbaum）共同获得了1994年图灵奖。

人们早已经认识到知识对于智能的重要作用。有些电视节目中的“智力竞赛”比拼的就是对知识的记忆和检索。“知识就是力量”也反映了人们对于知识的肯定。

在20世纪50年代人工智能最初的研究中，知识表示就被列为一项主要内容。而在20世纪70年代到80年代末，知识表示与知识库的建立曾经得到过蓬勃发展。后来，由于部分研究人员的设想过于“宏大”而无法兑现承诺，导致设想难以实现。相关内容在绪论章节有描述。

6.2　主要研究内容

对于知识,人们的研究主要在下面几个问题。

知识表示:在计算机内部怎样表示知识。

知识获取:怎样把人类的知识收集起来,并按照知识表示的方法存入计算机中。

知识使用:在人工智能任务中,如何使用知识。

这些研究内容涉及了知识的各个方面,因此也被称为知识工程(knowledge engineering)。

6.3　知识表示方法

在人工智能的研究中,有过多种知识表示方法。下面介绍几种。

1. 谓词

谓词可以紧凑地表示知识。如"张小龙是清华大学一个学生"可以表示为"THStudent"(张小龙)。这里的"THStudent"只是一个符号,它有助于研究人员读取和理解这个谓词,并不表示计算机知道这个字符串的含义。使用谓词表示的知识可以用于推理和学习。该方法适合表示确定性的知识。

2. 语义网络

语义网络主要用于表示事物之间关系的知识,形式上是一个带有标识的有向图。图中的节点表示事物、概念、状态,节点之间的弧表示节点之间的关系。图 6-1 就是非常简单的两个语义网络片段。一个表示:Liming is a student;另一个表示:曹雪芹是红楼梦的作者。这种表示方法非常灵活和简单。当然,语义网络表示的任意性导致对其使用变得困难。

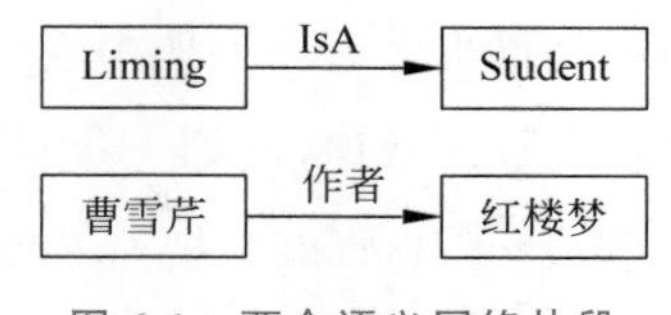

图 6-1　两个语义网络片段

图 6-1 的语义网络也可以三元组的形式表示:(Liming,IsA,Student)(曹雪芹,作者,红楼梦)。用三元组形式表示时,一个大的语义网络可以一组三元组形式的数据保存。

大量的三元组知识其实可以通过相同的节点把不同的知识连接起来，这样就可以构成一个知识图谱(knowledge graph)。知识图谱能直观、形象地说明知识库中各条知识的关系。知识图谱可以看成一种语义网络。

3. 向量表示

前面的两种表示方法中，谓词、节点、弧都是符号表示。这些符号不能自然地表示相似关系。而在神经网络模型中，词、图像中的物体、声音常常以向量形式表示。因此，向量就成为了知识表示的一种方法。利用向量表示方法，两个词之间的关系会比较“自然”地得到体现。例如，两个近义词之间的距离越小，词义越相近。相关细节可以参看自然语言处理与理解章节。

6.4 知识获取方法

知识获取与知识表示常常是分不开的。知识的表示方法也决定了知识的获取方法。基本上，存在 3 类知识获取方法。

1. 人工构建知识库

在 20 世纪 70 年代和 80 年代末，知识库的构建采用的就是这种方法，知识是由人工输入计算机内的，由此也导致了基于知识的专家系统的研究。例如，Cyc、WordNet 就是这样的知识库。其中，WordNet 是由普林斯顿大学从 1985 年开始开发的一个知识库，它主要表示了名词、动词、形容词、副词之间的语义关系。其中名词包括了蕴涵关系（上位/下位关系）。一个例子就是：“猫科动物”蕴含了“猫”。

人工构建知识库的一个问题就是人力费用高、构建知识库的时间长。专家系统 MYCIN 由人工智能专家组和医学院专家组共同花费了大约 5 年时间完成，最终的系统中包含了几百条规则形式的知识。

人工构建知识库的另一个问题是很难全面完整地构建一个大型知识库，特别是难以构建常识类知识。人们的生活中存在大量的常识，例如，一个物体不能同时出现在两个地方；人有五官等。虽然这些常识人人都有，但是如果要把所有常识描述出来却是异常困难的。人们在列举这些常识时，往往会丢三落四。举例来说，人们要出门旅行，就要提前考虑旅行中需要带上的各种物品。如果不是别人的提醒，或者利用以前的旅行中所带物品的记录清单，很多人会忘记带很多东西。而一旦在旅行中需要用到时，才会想起忘记了的物品。这也就是为什么对于一些很重要的活动，人们需要提前“演习”“预演”。“演习”和“预演”可以让人们发现之前计划中的不足和遗漏。从知识获取和表示的角度看，脱离了现实世界，只是在实验室设计和回想需要的知识往往是不够的。

Cyc 知识库经过了十年的构建，具有 50 多万条规则，但是其知识仍然非常零碎，不够系统，分布也不均匀，当然其中还缺乏大量的常识。

可以考虑一个简单的任务：通过人工输入的方式构建一条知识：水果，就是把各种水果名称罗列出来。虽然这个任务看起来不难，但是要把这样一个任务完成好，并不容易。一方面，人往往会丢三落四，罗列不齐全；另一方面，一个人往往只知道世界上所有水果的一部分，而不是全部。

2. 自动抽取知识构建知识库

互联网的快速发展为自动抽取知识构建知识库提供了可能。互联网上存在大量的知识。例如，维基百科、百度百科，以及大量的网页都包含了很多知识。在 2006 年前后，人们开始研究从互联网自动抽取知识。这基本上存在两种思路。

一种思路是要求网页上的内容是采用定义好的方式录入的。这样就可以使用程序自动收集这些网页，并快速抽取其中的知识。一个例子就是知识库 DBPedia。以 DBPedia 中的词条“计算机视觉”为例，这里列举了“定义”“原理”“应用”等细目内容。这样就可以使用程序寻找这样的细目，然后使用后面的文本作为这些细目的内容。

另一种思路就是根据自然语言本身的特性，从互联网文本中自动抽取知识。下面以微软的 ProBase 知识库为例介绍其一个技术点。

在英语文本中，有一个比较稳定的句子结构“ NP such as {NP，NP，…，(and|or)}NP”，其中的 NP 指名词短语。例如，“I like fruits，such as apples and pears.”在这句话里，前边的名词 “fruit”一定是一个集合的名字，后边“apple”“pear”一定是这个集合中的元素。由这句话就可以构建一条简单的知识：有一个概念叫“fruit”，里面有两个元素，是“apple”“pear”。即 fruit＝{apple，pear}。

在文本的另一个地方可能又出现这样的句子结构“He likes fruits，such as apples and peaches.”由这句话也可以构建一条简单的知识：有一个概念叫“fruit”，里面有两个元素，是“apple”“peach”。即 fruit＝{apple，peach}。因为这两个集合的名字相同，因此可以合并这两条知识就得到：有一个概念叫“fruit”，里面有三个元素，是“apple”“pear”“peach”。即 fruit＝{apple，pear，peach}，并且知道苹果出现了两次。如果在更多的文本里寻找，就会对这条知识不断扩充，从而可以得到很全的各种水果。

这样的句子结构很稳定，从而可以通过简单的计算机程序首先把文本中的“such as”找到，然后取出“such as”之前的词或者词组作为集合的名字，然后再取出“such as”后面的词或者词组作为元素。

除了上面介绍的句子结构,英语中还有其他稳定的句子结构。ProBase 就是利用这种方法对互联网上几十亿个文档进行扫描,在几个月内,构建了一个知识库,其中包含了几百万个概念(集合名称)及其成员(集合元素)。

"NP such as{NP,NP,…,(and|or)}NP"这样的表示也被称为一个模板。程序按照这个模板自动抽取知识。

3. 构建隐含的知识库

从 2018 年开始研究的预训练语言大模型(见自然语言处理与理解章节)中包含了大量知识,特别是包含了大量常识。这些知识是以预训练方式隐含地存在于大的语言模型中的。

看人与大模型 GPT-3(ChatGPT 的前身)的问答。从中可以知道,GPT-3 包含了知识。

> Human:How many legs does a frog have?
>
> GPT-3:A frog has four legs.
>
> Human:Are there any animals with three legs?
>
> GPT-3:No,there are no animals with three legs.
>
> Human:Why don't animals have three legs?
>
> GPT-3:Animals don't have three legs because they would fall over.

和 ChatGPT 聊天时也可以发现,它包含了大量的知识,包括常识。它能够对"亚里士多德用过计算机吗?"等很多问题有条理地回答。

6.5 知识的使用

建立好知识库可以有助于更好地完成智能任务。例如,在信息检索时,可以问"×××导演执导的电影有哪些?""怎么打领带?""怎么做宫保鸡丁?"。在回答这一类问题时,检索系统(如谷歌、百度)是基于用户提问和网络文本的匹配程度来得到检索结果;也可以通过如 ChatGPT 一样的大模型回答问题。如果互联网上没有和问句匹配的文本,就很难给出答案。如果训练语言大模型的语料中没有包含相关知识,也很难给出答案。如果存在一个知识库,就可以通过对知识库的知识检索来回答这样的问题。

在使用一个知识库时,通常根据需要对知识库进行检索,找到相关知识,然后再结合使用的需求,给出输出。以问答系统为例,得到一个用户提问"高二四班的数学平均分是多少?",系统需要理解提问的内容,把这个提问变成一个检索命令(检索"平均分",限制条件是高二四班和其数学成绩)，然后对知识库检索。得到结果 90 后，再以“高二四班的数学平均分是 90。”结束。这其中对问句的理解，将问句解析为检索命令，将检索结果回答都需要通过编程实现。

ChatGPT 这样的预训练语言模型可以将问句的理解、结果的检索、结果的回答由模型一次完成，简化了工程步骤。

6.6　困难和挑战

对于知识库的构建，人们关心下面的问题：

(1) 获得的知识正确吗?

(2) 如何高效获得知识?

(3) 如何动态更新知识库?

(4) 如何表达无穷无尽的知识?

(5) 如何获取和表达常识?

(6) 如何使用知识?

在构建知识库的 3 种方法中，人工方法能够获得高质量的数据库，保证知识的正确性，但是构建知识库的效率低下。特别是在获取和表达常识方面存在很大的困难。依靠人工方法构建的知识库，适合小规模的封闭环境的任务。

自动抽取知识构建知识库的方法虽然效率高，也能动态更新知识库，但是构建的知识库可能存在错误。例如，在 ProBase 的构建中，句子“Eating disorders such as…can be bad to your health.”中，Eating disorder 是一个集合的名字。而在句子“Eating fruits such as apple…can be good to your health.”中，Eating fruit 不是一个集合的名字。为了保证得到的知识库更为准确，人们常常采取保守的策略，只使用能够保证正确的内容作为知识库中的知识，或者采取人工校验的方法。

使用自动抽取出显式知识的方法存在这样的困难：文本的表达格式不同(如电子邮件和新闻稿中的日期的位置和表达方式都不一样)，这被称为异构的；自然语言的表达不严格遵从某种模板，从而有大量的知识无法抽取出来。有时，人们构建了看起来“很大”的知识库，包含了几千万条知识，但是在应用时，往往会发现需要使用的知识不在其中。

大语言模型对于隐含知识库的构建效率高，也能动态更新知识库。这为开放环境下的翻译、问答等任务提供了一条成功之路。但是，大语言模型中知识的正确性无法保证。这可能是由于训练语料的问题，或者是模型“过度”综合导致的。而大语言模型的知识表示是隐含的，可解释性差。这为知识的更新和校正带来了困难。

常识的获取和表示是人工智能的一个非常困难的问题。依靠人工方法和自动抽取知识的方法都是很困难的。预训练大模型中包含了大量的常识，这是对于常识获取和表示的一个行之有效的方法。

如何使用知识是一个重要问题。对显式知识库的使用需要开发专门的工具。开发这些工具也是一个重要课题。

人们生活的世界是一个动态的、开放的，包含了无穷无尽的知识。这意味着人们构建的知识库一定是不完备的。依靠人工方法是不可能解决这个问题的。自动抽取知识构建知识库（包括大语言模型）比人工方法构建的知识库包含的知识多，但仍然不能保证知识是完备的。

现实世界是不断变化的，人们的知识也是不断更新的，人们就是这样在生活。因此，要求一个知识库是完备的，可能太过苛刻。在有些任务中，特别是在执行严格的推理时，如定理证明、公式推导等，需要知识是正确的。而在一些日常对话中，是否只要大部分知识正确就可以满足通常的要求？

什么是知识？对此没有一个明确的定义。人们曾经从语言学、认知科学、哲学等层面进行了很多的讨论。在这种情况下，应该怎样研究知识表示和知识获取？

6.7 知识不只在语言中

当前的研究集中在从语言中提取知识。而实际上，知识不是只在语言中。语言只承载了人类的一部分知识。

如图 6-2 所示，可以知道这是两张木材的纹理图像。如果没有图像，如何描述和表示木材的纹理？实际上，不是每一条知识都是用语言和符号表示的。现实世界中各种模态的数

图 6-2　两张木材的纹理图像

据,如图像、声音、气味、味道,这些数据中都包含了知识,而人们无法仅仅用语言表示这些知识。其中的一个根本局限在于语言是离散的符号化表示,而图像、声音、气味、味道的表示空间是连续的,而这些连续的知识没有简单的规律可以描述。把连续空间离散化就会损失大量的信息和知识。对于这个问题,在自然语言处理与理解章节中讨论过。

因此,多模态知识的表示、获取和使用也是一个非常重要的问题。

6.8　进一步学习的内容

对目前存在的一些知识库(知识图谱),感兴趣的读者可以去表6-1所示网站查找相关内容。

表6-1　知识库举例

类　别	名　称	其　他
人工构建	ResearchCyc	https://cyc.com/
	WordNet	wordnet.princeton.edu
百科知识图谱	DBPedia	dbpedia.org
	YAGO	yago-knowledge.org
	BabelNet	babelnet.org
开放知识图谱	KnowItAll	projectsweb.cs.washington.edu/research/knowitall/
	NELL	rtw.ml.cmu.edu
	Probase	research.microsoft.com/en-us/projects/probase
中文知识图谱	百度知心	www.baidu.com
	搜狗知立方	www.sogou.com
领域知识图谱	AMiner	aminer.org
	FOAF	www.foaf-project.org/
	阿里商品	www.alibaba.com

知识表示和知识获取相关论文会发表在下面这些比较有影响力的会议和杂志上。

IEEE International Semantic Web Conference

International Conference on Learning Representations

ACM Knowledge Discovery and Data Mining

ACM International Conference on Web Search and Data Mining

European Conference on Machine Learning and Principles and Practice of Knowledge Discovery in Databases

IEEE Transactions on Knowledge and Data Engineering

ACM Transactions on Knowledge Discovery from Data

扫描二维码可以阅读有关知识表示和知识获取方面的课程和书籍信息。

进一步学习的内容

练习

1. 尝试手工建立一条关于水果的知识,列举出所有的水果。即：要求你在纸上写出所有的水果名称。这里需要思考以下问题：

a. 对于你知道的水果,是否可以短时间内列举完全？为什么？

b. 对于你不知道的水果,怎么样做才能列举完全？

c. 同一种水果,在不同地区有不同的名字。这该如何处理？

2. 人们可以从文本中得到知识。知识可以用规则或语义网络表示。假设可以用三元组"(关系,对象1,对象2)"表示对象1和对象2具有特定关系,如：(属于,大雁,鸟类)表示大雁属于鸟类。根据下述文本,我喜欢吃水果,尤其是苹果和香蕉：请用上述规则表示提取的知识。

3. 语义网络(semantic network)是一种表示知识的方式,示例如图题3所示。

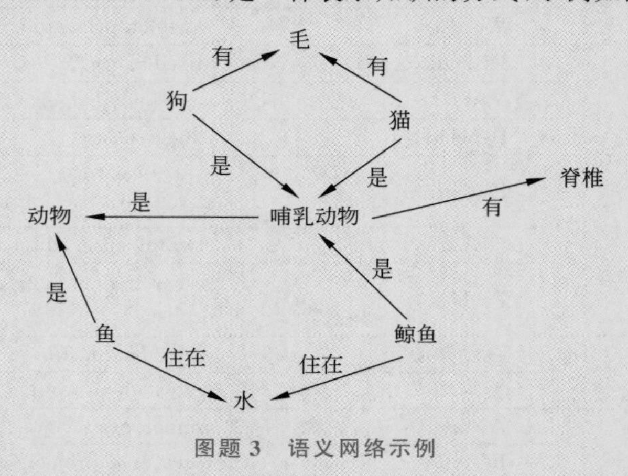

图题3　语义网络示例

语义网络具有易于理解和解释、相关概念容易聚类等优点。请你思考：语义网络还有哪些优点？语义网络具有哪些不足？为什么？

4. 请尝试用语义网络描述下面这段文本中的知识 ："1911年,清华学堂作为清华大学的前身建立。随后在1912年,更名为清华学校。1928年,学校再度更名为国立清华大学。1937年,随着抗日战争全面爆发,清华大学南迁至长沙,并与北京大学、南开大学合并成立了国立长沙临时大学。1938年,学校再次搬迁至昆明,并更名为国立西南联合大学。1946年,清华大学回迁至清华园,并设立了文、法、理、工、农等五个学院、26个系。"

5. 请讨论如何建立一个知识库,其中有下面物体的名称、属性等信息,还包括物体的图像信息。这些物体有"香蕉、玫瑰花、银杏树叶"。

第7章 机器学习

什么是机器学习？关于机器学习有不同的定义。一个比较抽象的定义是“计算机系统能够利用经验提高自身的性能”，它包含了很多技术路线的可能。经过多年的研究，机器学习的主流工作都是在从数据中学习知识。这里的“知识”的含义丰富，可以是线性函数变量的系数，也可以是一个神经网络的权重，还可以是一个神经网络的宽度。因此，机器学习的研究内容也就非常广泛。

在前面的章节中介绍了图像中的物体检测、分类，环境音的识别与乐器的识别，自然语言中下一个词的预测等问题。这些问题虽然在具体任务中的表现不同，但都可以抽象为两个问题：回归和分类。机器学习就是研究如何解决这些共同的问题，需要采用什么方法和模型，以及这些模型和方法的性质和局限等。

科学研究和一些技术应用中的任务多种多样，也可以总结为一些机器学习任务。机器学习任务也有很多，下面集中讨论几个典型任务。

7.1 回归

回归(regression)问题主要研究如何预测一个连续变量的数值。在一些实际应用中，人们知道一个连续变量 y 的取值和某些变量 $x_1,x_2,\cdots,x_m$ 有关，但是不知道它们之间的具体关系，希望能够根据变量 $x_1,x_2,\cdots,x_m$ 的值预测这个连续变量 y 的值。这时，可以把 y 看作 $x_1,x_2,\cdots,x_m$ 的函数：

$$y=f(x_1,x_2,\cdots,x_m)$$

在很多情况下，虽然不知道函数 f 的具体形式，但是当提供了 $x_1,x_2,\cdots,x_m,y$ 的一些取值时，就可以考虑根据这些取值找到 f。

例如，人们发现人的体重和身高有关，就可以考虑体重 y 是身高 x 的函数，即 $y=f(x)$。当人们测试了很多人的数据(身高、体重)时，就可以考虑利用这些数据确定体重和身高的函数关系。这样，当知道一个新来的人的身高时，就可以估算其体重。

在计算机视觉中，人脸检测就是需要算法确定包含人脸的方框的坐标。我们知道，可以根据人脸的轮廓，以及人脸和背景的差异来确定这个方框。因此，可以将人脸检测建模为一个回归问题：输入是一张图像，用算法计算图像中的各个特征，并学习这些特征和包含人脸的方框的坐标之间的关系，从而输出方框的坐标。

下面讨论这样一个实际问题：有些长条形物体，x，y 分别代表物体的长度和重量。已经知道了一些这样的物体的长度和重量。如果有一个新的同类物体出现了，已知它的长度，问它的重量是多少。

上面这个问题的数据如图 7-1(a)所示：黑色的点都是已知的 x，y 成对的数据。如果现在有一个新的 x，问和它对应的 y 是多少？如图 7-1(b)所示。

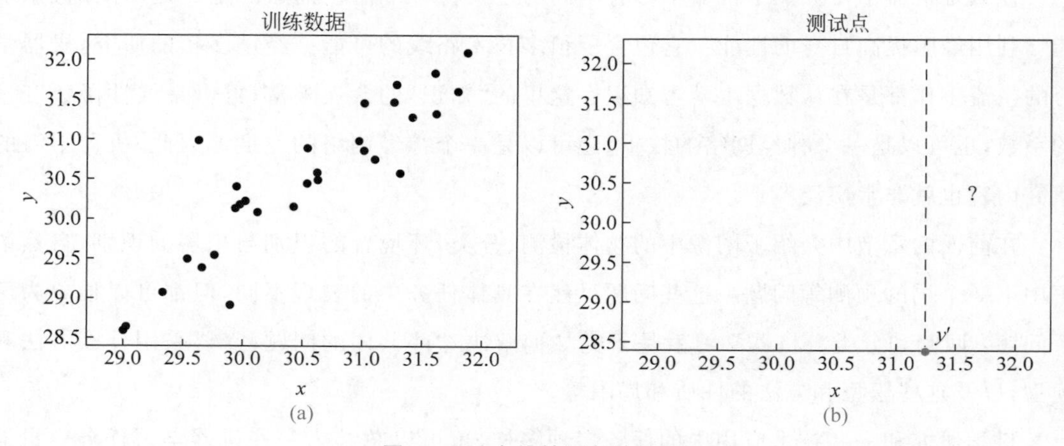

图 7-1　一个线性回归的例子

根据这个问题的特点，以及对图 7-1(a)的观察，发现 x、y 之间关系可以“近似”地用一个线性函数表示：

$$y=\theta_1 x+\theta_0 \tag{7-1}$$

这个发现成为了对于该问题的假设。之所以是假设就是因为并不知道这类物体的长度和重量之间是否是这样的一个函数关系，而只是源于观察和猜测。另外，这里的“近似”是因为这些点并不是严格服从一个线性关系，而是存在一些误差。这些误差可能来自于这些物体的其他没有观测到的因素，如物体的粗细或者材质，当然也可能来自于测量误差。

这个假设明确了 x、y 之间是线性关系。线性方程的形式已知了，但是其中的参数 θ_1、θ_0 还是未知的。因此，这个线性方程包含了所有可能的直线。下面的任务就是要确定这两个参数的值。式(7-1)意味着把 x、y 的关系缩小到一个线性关系中。这里称 $\theta_1 x+\theta_0$ 为假设空间(hypothesis space)，因为它包含了这个假设中的所有的可能。

下一步就是找这条直线，也就是确定参数 θ_1、θ_0 的值，其依据就是图 7-1(a)所示的数据。希望找到的这条直线能够对这些已知数据拟合得很好。这时需要一个度量来定量地给出一条直线对这些训练数据拟合的好坏程度。

可以使用的度量不只一种。常用的度量为$(\hat{y}-y)^2$,其中$\hat{y}$是这条直线方程给出的x点处的输出值。它度量的是模型给的输出值$\hat{y}$和标准答案y之间的误差的平方。由于总共有N个数据点,所以需要计算每一个数据点处的误差平方,然后求和,称为误差平方和:

$$L=\sum_{i=1}^{N}(\hat{y}_i-y_i)^2 \tag{7-2}$$

因此,该任务就变为

$$\begin{aligned}\theta^*&=\arg\min_{\theta}\sum_{i=1}^{N}(f_\theta(x^{(i)})-y^{(i)})^2\\&=\arg\min_{\theta}\sum_{i=1}^{N}(\theta_1x^{(i)}+\theta_0-y^{(i)})^2\end{aligned} \tag{7-3}$$

式中,$f_\theta(x^{(i)})$表示输入为第i个数据(样本)x时这个模型的输出。等号右边部分表示寻找使得误差平方和$\sum_{i=1}^{N}(f_\theta(x^{(i)})-y^{(i)})^2$最小(min)的参数(arg)$\boldsymbol{\theta}$,参数$\boldsymbol{\theta}$包括了$\theta_0$和$\theta_1$,最优的参数就是$\boldsymbol{\theta}^*$。

式(7-3)给出的是一个优化问题,也就是要寻找使得目标函数$\sum_{i=1}^{N}(f_\theta(x^{(i)})-y^{(i)})^2$最小的参数$\boldsymbol{\theta}$。对于这个问题,可以通过目标函数对参数$\boldsymbol{\theta}$的分量求偏导,令偏导数为0,从而求解出最优参数$\boldsymbol{\theta}$。

因此要优化的目标函数是为

$$\begin{aligned}J(\boldsymbol{\theta})&=\sum_{i=1}^{N}(\theta_1x^{(i)}+\theta_0-y^{(i)})^2\\&=(\boldsymbol{y}-\boldsymbol{X\theta})^{\mathrm{T}}(\boldsymbol{y}-\boldsymbol{X\theta})\end{aligned} \tag{7-4}$$

式中,$\boldsymbol{X}$是一个矩阵,$\boldsymbol{\theta}$是一个行向量,$\boldsymbol{y}$是一个列向量,则

$$\boldsymbol{X}=\begin{pmatrix}x^{(1)} & 1\\x^{(2)} & 1\\\vdots & \vdots\\x^{(N)} & 1\end{pmatrix},\quad \boldsymbol{\theta}=\begin{pmatrix}\theta_1\\\theta_0\end{pmatrix},\quad \boldsymbol{y}=\begin{pmatrix}y^{(1)}\\y^{(2)}\\\vdots\\y^{(N)}\end{pmatrix}$$

对式(7-4)目标函数求偏导,并令其等于0,即

$$\begin{aligned}&\frac{\partial J(\boldsymbol{\theta})}{\partial\boldsymbol{\theta}}=0\\&\frac{\partial J(\boldsymbol{\theta})}{\partial\boldsymbol{\theta}}=2(\boldsymbol{X}^{\mathrm{T}}\boldsymbol{X\theta}-\boldsymbol{X}^{\mathrm{T}}\boldsymbol{y})\\&2(\boldsymbol{X}^{\mathrm{T}}\boldsymbol{X\theta}^*-\boldsymbol{X}^{\mathrm{T}}\boldsymbol{y})=0\\&\boldsymbol{X}^{\mathrm{T}}\boldsymbol{X\theta}^*=\boldsymbol{X}^{\mathrm{T}}\boldsymbol{y}\end{aligned} \tag{7-5}$$

$$\boldsymbol{\theta}^{*}=(\boldsymbol{X}^{\mathrm{T}}\boldsymbol{X})^{-1}\boldsymbol{X}^{\mathrm{T}}\boldsymbol{y} \tag{7-6}$$

式(7-6)给出的就是求出的最优参数。

求导公式

在式(7-4)中,函数 J 的自变量是一个参数向量$\boldsymbol{\theta}$,式(7-5)就涉及函数对于向量的求导,需要使用相应的求导公式。扫描二维码到相关网站查看这些求导公式。

对于形如 $\sum_{i=1}^{N}(f_{\theta}(x^{(i)})-y^{(i)})^2$ 的目标函数的优化方法被称作最小二乘(least squares)方法。由于这里考虑的是对一个线性函数 f_{θ} 拟合,所以也被称作线性最小二乘(linear least squares)问题,得到的解析解被称作线性最小二乘解。

当确定了最优参数后,线性方程就确定了。实际应用的时候,输入一个同类物体的长度,根据这个线性方程就可以计算出这个物体的重量。

例 7.1 已知 4 个长条形物体的长度 x 和重量 y 分别为(1,6),(2,5),(3,7),(4,10)。请利用线性最小二乘方法求出该类物体长度与重量间的函数关系,并对长度为 5 的该类物体的重量进行预测。

解:将 x、y 间的函数关系设为

$$y=\theta_1 x+\theta_0$$

依照式(7-4)可知,需优化的目标函数为函数输出值与真实值间的误差平方和:

$$J(\theta)=(\boldsymbol{y}-\boldsymbol{X\theta})^{\mathrm{T}}(\boldsymbol{y}-\boldsymbol{X\theta})$$

式中,$\boldsymbol{X}=\begin{pmatrix}1 & 1\\2 & 1\\3 & 1\\4 & 1\end{pmatrix}$,$\boldsymbol{\theta}=\begin{pmatrix}\theta_1\\\theta_0\end{pmatrix}$,$\boldsymbol{y}=\begin{pmatrix}6\\5\\7\\10\end{pmatrix}$。

对目标函数求偏导并令其等于 0,根据式(7-6)有

$$\boldsymbol{\theta}^{*}=(\boldsymbol{X}^{\mathrm{T}}\boldsymbol{X})^{-1}\boldsymbol{X}^{\mathrm{T}}\boldsymbol{y}$$

代入数值可得

$$\boldsymbol{\theta}^{*}=\left(\begin{pmatrix}1 & 1\\2 & 1\\3 & 1\\4 & 1\end{pmatrix}^{\mathrm{T}}\begin{pmatrix}1 & 1\\2 & 1\\3 & 1\\4 & 1\end{pmatrix}\right)^{-1}\begin{pmatrix}1 & 1\\2 & 1\\3 & 1\\4 & 1\end{pmatrix}^{\mathrm{T}}\begin{pmatrix}6\\5\\7\\10\end{pmatrix}$$

$$=\begin{pmatrix}30 & 10\\10 & 4\end{pmatrix}^{-1}\begin{pmatrix}77\\28\end{pmatrix}=\begin{pmatrix}0.2 & -0.5\\-0.5 & 1.5\end{pmatrix}\begin{pmatrix}77\\28\end{pmatrix}=\begin{pmatrix}1.4\\3.5\end{pmatrix}$$

因此,可得 x、y 间的函数关系为 $y=1.4x+3.5$,对长度为 5 的该类物体的重量预测为 10.5。

7.2　分类

分类(classification)问题主要研究如何预测一个离散变量的数值。分类问题和回归问题的差异很大程度上就是一个是离散变量,另一个是连续变量。这时,仍然把 y 看作 x_1,x_2,…,x_m 的函数,即 $y=f(x_1,x_2,\cdots,x_m)$。由于不知道函数 f 的具体形式,因此当提供了 x_1,x_2,…,x_m,y 的一些取值时,就可以考虑根据这些取值找到 f。

例如,对花卉识别时,人们知道不同的花的形状、大小、颜色、纹理也会不同。因此,可以认为花卉的名称 y 是花的形状、大小、颜色、纹理这些特征的函数。为了找到这个函数,可以采集很多不同花卉开花的照片,提取这些图片中花的形状、大小、颜色、纹理这些特征,建立和确定这些特征和花卉之间的函数关系。这样,当有一张花卉图像时,就可以利用这个函数关系给出这种花卉的名称。

在图像分类这个任务中,可以采用一个神经网络模型做为函数 f(参看计算机视觉章节的内容),这时模型的输入是图像,输出是图像所属类别标号。

对于一张只有单一物体的图像来说,图像标签可以就是这个物体的名称。例如,鱼、花。这些名称孤立存在,是离散的符号。如果这些符号之间没有联系,图像名称对计算机来说没有意义。在讨论自然语言处理与理解章节中讨论过这件事情。

考虑采用神经网络模型来识别图像,这时,输出可以定义为独热向量:鱼=[1 0 0],花=[0 1 0],树=[0 0 1]。这种向量表示中,只有一维是1,别的维为0。向量中1就对应所在位置的物体名称。

现在讨论目标函数。目标函数可以使用误差平方和。比如对鱼的图像,希望这条鱼输出是[1 0 0],而模型的输出是[0.9 0.05 0.05],然后计算两个向量的误差平方。对所有的图像计算其输出端的误差平方和,就得到了目标函数的值。这是一种方法。

这是一个分类问题,还可以用一种度量($\mathcal{L}(\hat{y},y)=1(\hat{y}\neq y)$)。$1(\hat{y}\neq y)$表示括号里的条件满足的时候函数为1,否则函数为0。即模型的输出和标准答案必须一致时,这个误差为0,否则误差就是1。这种方法的缺点是它很难优化。

还有一种方法叫交叉熵(cross entropy)函数,这是分类问题中使用得比较多的方法。这个函数形式为

$$\mathcal{L}(\hat{y},y)=-\sum_{i=0}^{n}y_i\log\hat{y}_i \tag{7-7}$$

式中,y_i 是第 i 个输出神经元的标准输出值;$\hat{y}_i$ 是第 i 个输出神经元的模型输出值;n 是输出端神经元个数。比如对鱼的图像,希望这条鱼输出是[1 0 0],而模型的输出是[0.9

0.05 0.05]，这时$\mathcal{L}(\hat{y},y)=-(1\times\log0.9+0\times\log0.05+0\times\log0.05)$。

例 7.2　考虑图 7-1(b)这个简单的神经网络用于一个两类分类问题。模型参数 ω_1，ω_2，ω_3 初始化为 0.1，0.1，0.1，激活函数采用 ReLU 函数，即 $y=\text{relu}(\sum\omega_i x_i)$。给定两个输入 $\boldsymbol{x}_1$、$\boldsymbol{x}_2$ 分别为[3,0,7]和[6,−1,2]，其标号分别为 $y_1=0$，$y_2=1$。

则模型对上述两个输入的初始输出分别为

$$\hat{y}_1=\text{relu}(0.1\times3+0.1\times0+0.1\times7)=1.0$$

$$\hat{y}_2=\text{relu}(0.1\times6+0.1\times(-1)+0.1\times2)=0.7$$

由于此处输出仅有一维，所以采用误差平方和损失进行优化，计算过程如下：

$$\mathcal{L}=\sum_{i=1}^{2}(\hat{y}_i-y_i)^2=(1.0-0)^2+(0.7-1)^2=1.09$$

分别对参数 ω_1，ω_2，ω_3 求偏导并利用反向传播算法按步长 $\eta=0.01$ 进行更新，可得

$$\omega_1=\omega_1-\eta\frac{\partial\mathcal{L}}{\partial\omega_1}=0.076$$

$$\omega_2=\omega_2-\eta\frac{\partial\mathcal{L}}{\partial\omega_2}=0.094$$

$$\omega_3=\omega_3-\eta\frac{\partial\mathcal{L}}{\partial\omega_3}=-0.028$$

重新计算模型输出及对应的误差平方和损失，重复上述优化过程，直到参数收敛。

此时 $\omega_1=0.206$，$\omega_2=0.064$，$\omega_3=-0.088$，模型输出分别为 $\hat{y}_1=0.007$，$\hat{y}_2=0.996$。最终可得到分界面如图 7-2 所示。

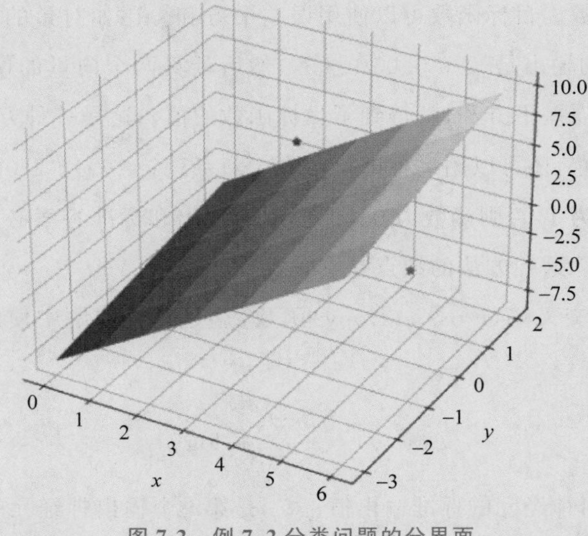

图 7-2　例 7.2 分类问题的分界面

一般来说，如果网络的层数很多，每层节点很多，这时神经网络模型的表达能力就非常强。原则上，假设能够提供足够多的图像，它可以取得非常高的正确率。

7.3　聚类

在回归任务中，对于每一个样本 x，有一个 y 和它对应。在分类任务中，对于每一个样本 x，也有一个 y 和它对应。y 就是实际中需要预测的样本的标签、标号、回归值。在训练数据中，这些数值通常要求是准确的。这时的学习任务就是要根据这些“监督信息”调整模型的参数，使得模型能够达到学习目的。这些有监督数据的学习被叫作监督学习(supervised learning)。

还存在另外一种任务，如图 7-3 所示。数据点自然形成了“团簇”结构。希望算法能够确定哪个数据属于哪一个团簇。这种任务被叫作聚类(clustering)，就是要研究数据本身聚集的状况。和监督学习不同，在这个任务中，没有哪个已知数据是标签，也没有哪个数据用于指导算法来调整模型参数。因此，这一类学习任务被叫作非监督学习(unsupervised learning)。

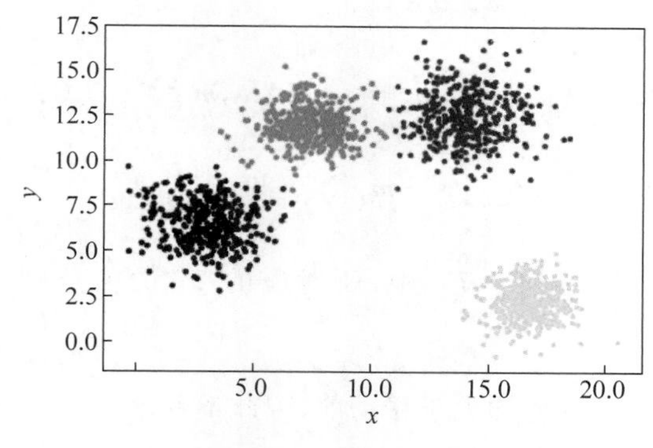

图 7-3　四个聚类图示

C 均值(C means)聚类算法假定所有的 N 个样本 $\boldsymbol{y}$ 可以被聚成 C 类。假设现在已经得到了最后的聚类结果，若 N_i 是第 i 聚类 Γ_i 中的样本数目，$\boldsymbol{m}_i$ 是这些样本的均值，即

$$\boldsymbol{m}_i = \frac{1}{N_i}\sum_{\boldsymbol{y}\in\Gamma_i}\boldsymbol{y} \tag{7-8}$$

把 Γ_i 中的各样本 $\boldsymbol{y}$ 与均值 $\boldsymbol{m}_i$ 间的误差平方和对所有类相加后得

$$J_e = \sum_{i=1}^{c}\sum_{\boldsymbol{y}\in\Gamma_i}\|\boldsymbol{y}-\boldsymbol{m}_i\|^2 \tag{7-9}$$

J_e 是误差平方和聚类准则函数。J_e 度量了用 C 个聚类中心 $\boldsymbol{m}_1,\boldsymbol{m}_2,\cdots,\boldsymbol{m}_C$ 作为 C 个样本子集 $\Gamma_1,\Gamma_2,\cdots,\Gamma_C$ 的代表时所产生的总的误差平方和。对于不同的聚类结果，J_e 的值

是不同的。使 J_e 最小的聚类是误差平方和准则下的最优结果。

为了要得到好的结果,可以采用下面的算法。

当已知 N 个样本点,每个点是一个 d 维向量,进行以下步骤:

(1) 随机把 N 个样本分成 C 个聚类,计算每个聚类的均值 $\boldsymbol{m}_1,\boldsymbol{m}_2,\cdots,\boldsymbol{m}_C$ 和 J_e。

(2) 选择一个样本 $\boldsymbol{y}$,设 $\boldsymbol{y}$ 在 Γ_i 中。

(3) 若 $N_i=1$,则转步骤(2),否则继续。

(4) 分别计算把 $\boldsymbol{y}$ 移到其他各个聚类时的 J_e 的值。

(5) 把样本移到使得 J_e 最小的聚类。假设样本 $\boldsymbol{y}$ 从 Γ_i 移到了 Γ_k 中。

(6) 更新 $\boldsymbol{m}_i$ 和 $\boldsymbol{m}_k$ 的值,并修改 J_e。

(7) 若连续迭代 N 次 J_e 不改变,则停止,否则转到步骤(2)。

上面算法的步骤(5),如果使 J_e 最小的聚类就是这个样本原来所在的聚类,这时相当于不移动该样本。这时,步骤(6)不需要进行。

例 7.3 已知如下数据点(0,0),(1,2),(4,1),(4,6),(3,7),(5,2),运用 C 均值聚类算法进行聚类。

随机将上述 6 个样本(用 y_i 表示第 i 个样本)分为 3 个聚类,其中 y_1、y_2 在 Γ_1 中,y_3、y_4 在 Γ_2 中,y_5、y_6 在 Γ_3 中,有

$$\boldsymbol{m}_1=(1/2,1),\boldsymbol{m}_2=(4,7/2),\boldsymbol{m}_3=(4,9/2)$$

$$J_e=\sum_{i=1}^{3}\sum_{\boldsymbol{y}\in\Gamma_i}\|\boldsymbol{y}-\boldsymbol{m}_i\|^2=29.5$$

考虑将数据 y_1 分别移到 Γ_2、Γ_3 中,所对应的 J_e 的值分别为 $J_{e2}=45.83$,$J_{e3}=51.17$。

可以看到移动后的 J_e 的值均大于移动前,因此不移动。

考虑将数据 y_2 分别移到 Γ_2、Γ_3 中,所对应的 J_e 的值分别为 $J_{e2}=34.5$,$J_{e3}=37.17$。

可以看到移动后的 J_e 的值均大于移动前,因此不移动。

考虑将数据 y_3 分别移到 Γ_1、Γ_3 中,所对应的 J_e 的值分别为 $J_{e1}=25.17$,$J_{e3}=25.17$。

可以看到移动后的 J_e 的值相等且均小于移动前,随机将其移动至 Γ_3 中。

此时聚类为(y_1,y_2),(y_4),(y_3,y_5,y_6),更新

$$\boldsymbol{m}_2=(4,6),\quad \boldsymbol{m}_3=(4,10/3),\quad J_e=25.17$$

此时数据 y_4 在 Γ_2 中,且 $N_2=1$,因此跳过该数据。

考虑将数据 y_5 分别移到 Γ_1、Γ_2 中，所对应的 J_e 的值分别为 $J_{e1}=31.67$，$J_{e2}=4.5$。可以看到将 y_5 移动到 Γ_2 中 J_e 的值小于移动前，因此将其移动至 Γ_2 中。

此时聚类为 (y_1,y_2)，(y_4,y_5)，(y_3,y_6)，更新

$$\boldsymbol{m}_2=(7/2,13/2),\quad \boldsymbol{m}_3=(9/2,3/2), J_e=4.5$$

考虑将数据 y_6 分别移到 Γ_1、Γ_2 中，所对应的 J_e 的值分别为 $J_{e1}=17.67$，$J_{e2}=18.5$。可以看到移动后的 J_e 的值均大于移动前，因此不移动。

继续迭代，发现连续迭代 6 次 J_e 均不改变，因此最终聚类为 (y_1,y_2)，(y_4,y_5)，(y_3,y_6)。

由于有监督信息的存在，监督学习的效果通常会比非监督学习的效果好。到现在为止，一些机器学习产品都采用了监督学习方法。非监督学习通常会出现各种错误，其结果不可靠。

一般来说，人们在研究阶段使用非监督学习方法对数据进行分析和处理，希望能够对数据有更多了解。人们也会使用非监督学习方法实现一个产品的中间的步骤，但是其最终的结果是需要监督信息来提供保障的。

监督信息如果是由人来提供的，这个过程通常会费时费力，需要付出很大的代价。如为了实现一个高性能的人脸识别系统，会请很多人对收集的图片标注图片中人脸、人脸器官的位置等信息。而非监督学习由于不需要人工标注数据，因而有可能以低廉的方式获得大量数据，如在互联网上下载大量的图像和文本数据。

7.4　再励学习

再励学习(reinforcement learning)也被称为强化学习，可以理解为模拟人的学习过程的方法：一个小孩开始学走路，他学会了在平地上走路。当他遇到一个台阶，他按照通常的迈步，结果摔倒了；因此，他就知道遇到台阶不能按照以前的迈步方式；下次尝试抬腿，但是可能抬得又不够高，又会失败；他要再试，直到上了台阶。在这个过程中，他每次失败后，就从中总结，并换一个迈步的方法。这个过程被抽象为一个学习方法：再励学习。

在回归和分类任务上，需要提前准备好数据来训练模型。通常情况下，这些数据是一次性提前准备好的。当然数据也可能会持续不断地获得，在线学习(online learning)、增量学习(incremental learning)、持续学习(continual learning)关心的就是数据持续不断地获得情况下的学习问题。

而再励学习和回归、分类任务不同。一个智能系统，我们称为智能体(agent)，它要和它所在的环境交互，并在交互中进行学习，如图 7-4 所示。

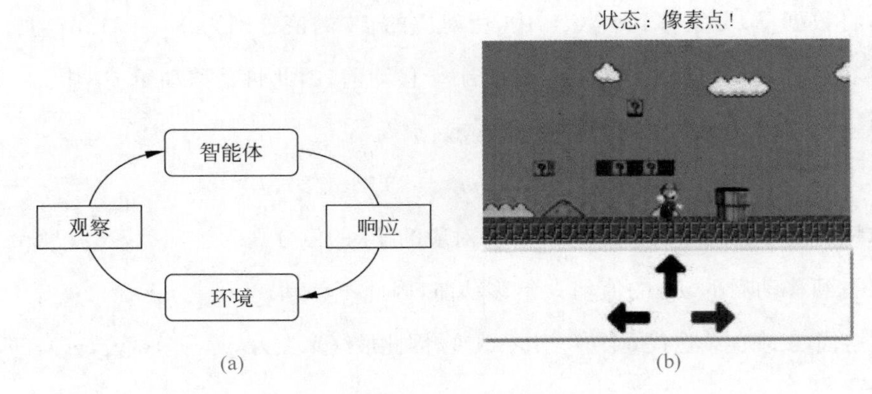

图 7-4　智能体和环境交互

这种学习方式被建模为如下过程，如图 7-4(a)所示。一个智能体对环境有一个观察，根据观察做出响应，这就是一个周期。这个周期循环往复。智能体在这个过程中进行学习。如果希望一个智能体(在这里是一个计算机程序)来自动玩图 7-4(b)所示的游戏(超级玛丽)。游戏中的小人(马里奥)是由这个计算机程序控制的。这里的环境就是小人所在位置附近的一小片图像。当然，如果把整张图像作为其环境也是可以的，只是这个环境会比较大，也就会更复杂。小人根据对环境的观察决定其响应：向前走，向后退，向上跳。这三个响应对应键盘上的三个按键⬅⬆➡。

再励学习中智能体对环境的响应，或者施加的动作可以是离散的，如计算机游戏中的一些按键；也可以是连续的，如在自动驾驶中方向盘的转动角度。

通常情况下，智能体的动作会对环境产生影响，导致智能体所在环境发生改变。如上面的游戏中，小人的走动会让它移动到新的位置，它和周围物体的关系会发生变化；自动驾驶中转动方向盘会使得汽车的状态(位置、速度大小和方向)发生改变，汽车与道路、其他车辆的关系也会发生改变。

再励学习就是研究要使一个智能体完成一个任务，如游戏通关，自动驾驶一辆汽车，学会在什么情况下应该做出什么动作。

1. 一个再励学习问题的分析

要进行再励学习，就要对要解决的问题进行表示。下面以超级玛丽游戏为例来讨论，如图 7-4 所示。通常用 s_t 表示 t 时刻的状态；智能体观察到这个状态以后，要做出响应，就是要做动作 a_t。施加这个动作，环境会变化到新状态 s_{t+1}。

在 s_t 状态下要做的动作具有不确定性。所谓不确定性，指小人走到一个位置后，可以往前走，也可以往后退，还可以向上跳。它做这几个动作的概率(这是概率统计方面的概念，可以理解为可能性)会不一样。它在此情况下以不同概率做不同动作被称为一个策略

(policy)。如图 7-5 所示,小人在这个位置以更大的可能性(每 20 次中会有 16 次,即 16/20 的可能性)向上跳,以较小的可能性(每 20 次中会有 1 次,即 1/20 的可能性)往回走。

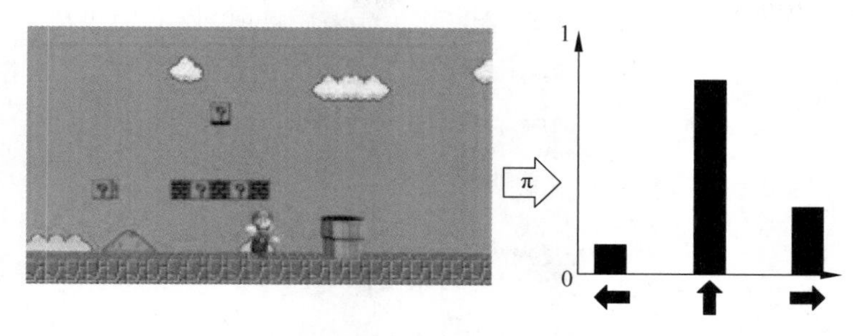

图 7-5　智能体的策略

另外,在 s_t 状态下做了动作 a_t 就会转到一个新状态 s_{t+1}。例如,在小人周围都是平坦的地面时,它向前走这个动作完成后就会到一个新的位置。但是,在它周围有鬼存在时,由于鬼不是静止不动的,因此,它向前走之后,有可能会到一个新的位置,也可能会被鬼吃掉。

智能体完成一个动作(或者一系列动作)后可能会从环境得到一个或正或负的反馈,被称作奖赏(reward)。如小人获得金币(正奖赏),或者被鬼吃掉(负奖赏)。这时,智能体就需要根据得到的奖赏,调整策略,使得奖赏最大。

再励学习的任务就是要学会在什么状态 s_t 下,以多大的可能性做一个什么样的动作 a_t。也就是说,需要学习行动的策略。

2. 再励学习:*K*-摇臂赌博机

***K*-摇臂赌博机**(*K*-armed bandit)是再励学习中的一种简单模型。一个赌博机有 K 个摇臂。每次摇动一个臂会得到一些奖赏。每次摇动同一个臂得到的奖赏会不同,摇动不同的臂得到的奖赏也不同。有的臂平均奖赏会多,有的会少。在什么情况下摇动哪一个臂,就是一个具体的策略。

如果对各个臂的平均奖赏一无所知,就需要尝试摇动这些臂,从而探索和了解(估计)不同的臂的奖赏情况。这是"仅探索"(exploration-only)策略。

如果已知摇动各个臂的平均奖赏,那么,每次摇动平均奖赏最高的臂一般来说得到的奖赏就最多。这是"仅利用"(exploitation-only)策略。

更多的情况是通过探索已经知道了一些臂的奖赏情况,但对另外一些臂的奖赏情况还一无所知。任务是在一定摇臂次数内得到的奖赏最多,因此就需要既探索,又利用。探索是为了发现和估计其他臂的奖赏值,利用是为了获得高奖励。由于总的摇臂次数是固定的,因此探索和利用之间存在矛盾。

3. ε 贪心方法

ε 贪心方法是对于探索与利用矛盾的折中。每次摇臂时，以 ε 的可能性进行探索，以 1－ε 的可能性进行利用。例如，如果 ε＝0.1，那么在 100 次摇臂中，有 10 次探索未知的摇臂，有 90 次摇动已知的奖赏最高的摇臂。

对于摇臂 k，利用下面方法可以估计其奖赏值：

$$Q(k)=\frac{1}{n}\sum_{i=1}^{n}v_i \tag{7-10}$$

式中，n 是在这个臂上摇动过的总次数；v_i 是第 i 次摇臂的奖赏值。式(7-10)就是在对于摇臂 k 得到的所有奖赏求平均。

当然，随着摇臂总次数的增加，对于各个摇臂的奖赏情况了解就越多。这时，ε 就可以比较小。通常情况下，ε 会随着摇臂总次数的增加越来越小。

例 7.4 一个 4-摇臂赌博机计算例子。已知前两个摇臂的数据如下：第一个臂摇动过 4 次，所获得奖赏依次为 4、0、2、0，第二个臂摇动过 3 次，所获得奖赏依次为 2、2、1。此时根据式(7-10)可求得这两个摇臂的平均奖赏：

$$Q(1)=\frac{1}{4}\sum_{i=1}^{4}(4+0+2+0)=1.5$$

$$Q(2)=\frac{1}{3}\sum_{i=1}^{3}(2+2+1)=1.67$$

当 ε＝0.1 时，下一次摇臂将会以 10％的可能探索第三、四个摇臂，以 90％的可能摇动当前已知平均奖赏最高的第二个摇臂，并根据所得奖赏更新对应摇臂的平均奖赏。

若第 8 次摇臂时摇动了第二个摇臂，且所获奖赏为 0，则更新 $Q(2)=1.25$，那么在第 9 次摇臂时将以 10％的可能探索第三、四个摇臂，以 90％的可能摇动第一个摇臂。

若第 8 次摇臂时探索了第三个摇臂，且所获奖赏为 3，则更新 $Q(3)=3$，成为新的平均奖赏最高的摇臂，那么在第 9 次摇臂时将以 10％的可能探索第四个摇臂，以 90％的可能摇动第三个摇臂。

4. 再励学习：一般情况

K-摇臂赌博机中，每次摇臂都会得到一个奖赏。但是在更多的实际问题中，每次得到的奖赏通常都不是因为某一个动作导致的，而是前面一系列动作综合的结果。如在游戏中，有些地方需要小人连续跳跃才能获得金币或避免惩罚。再比如在围棋中，某次动作(在某个位置放一个棋子)导致吃掉对方的棋子(得到正的奖赏)是前面一系列走棋的结果。

如果考虑一个奖赏是由一系列的动作导致的，问题就变得非常复杂。因为要考虑这一系列动作前的状态、所做的动作、动作后的新状态、新状态下所做的动作。为了简化这个问题，可以假设实际问题满足马尔可夫性质。

马尔可夫性质（Markov property）是概率统计中的一个重要概念。可以直观地解释是：在已知当前状态和之前的历史状态时，一个事件发生的概率（可能性）只和当前状态有关。

很多的实际情况符合，或者近似符合马尔可夫性质。例如，在下国际象棋和围棋时，棋手下一步怎么走棋完全由当前的棋局决定了，而不必考虑当前的棋局是由怎样的走棋过程得到的；超级玛丽中的马里奥下一步做什么动作只依赖于当前的状态，而不必考虑在此之前马里奥是经过什么过程才到达这个状态的。

在马尔可夫性质假设下，再励学习问题会变得简单一些。这时最终要解决的问题就是希望能够从不断的尝试中学习到：在什么状态下，应该采取什么策略（以多大的可能性做什么动作）。如果在每一个状态 s_t 下，能够知道采取任何动作 a_t 后的奖励，那么就可以选取这个状态下奖赏最大（最优）的动作。

但是正如前面讨论的，一个奖赏的获得往往是在此之前一系列动作的结果。因此，需要根据某次得到的奖赏来确定是之前哪些动作起到了什么样的作用。这叫作**信用分配**（credit assignment）。

例 7.5　用再励学习方法走迷宫。图 7-6 给出的是采用再励学习方法走一个简单的迷宫得到的 4 条路径。图中 S 表示迷宫的入口，E 表示迷宫的出口。白色方块是可以通行区域，浅色折线表示路径。

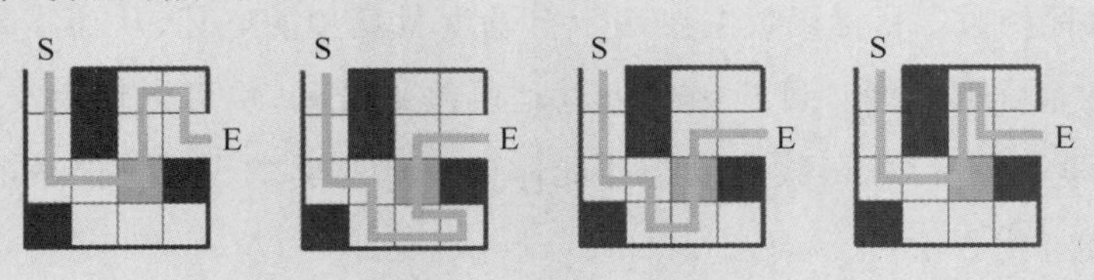

图 7-6　用再励学习方法走迷宫时得到的 4 条路径

在算法到达 E 点（走出迷宫）时，可以得到一个奖励（可以这样设置奖励：如果所走的路径越短，奖励就越大）。得到奖励后，算法如何知道在一系列的行走决策（在哪个位置应该朝哪个方向走）中，哪一步的行走是关键的？在例 7.5 中，当得到 4 条行走路径时，可以根据这 4 条路径找到关键决策（如要到达靠近中间的灰色方块，并且在这个位置要向上走）。

安德雷·安德耶维齐·马尔可夫

（Андрей Андреевич Марков，1856 年 6 月 14 日—1922 年 7 月 20 日），俄国数学家。他因提出马尔可夫链的概念而闻名。

如果需要经过一个很长的动作系列后才得到一个奖赏(这被称作奖赏稀疏),这时的信用分配就非常困难。例如,如果图 7-6 的迷宫非常大,只是在出口处给一个奖励,那么算法就很难知道中间的哪些步骤是很关键的。如果下围棋只以最后的输赢作为奖励,同样也很难知道上百步的走棋中,哪些走棋是好的,哪些走棋不好。如果只以马里奥是否通关为奖赏,想知道中间它在什么情况下向前走、向后退、向上跳是对的还是错的,这也很难判断。

再励学习就是要设计算法让智能体通过较少的尝试得到较大的奖赏。由于这样的算法非常复杂,这里就不再深入介绍。感兴趣的读者可阅读相关教材。

7.5 使用机器学习方法的几个关键问题

在用机器学习方法时,有下面几个关键问题需要考虑和解决。

(1) 输入和输出。在有些情况下,输入和输出比较容易确定,如通常的图像识别问题,输入是原始图像,输出是图像的类别标号。当然有时候也需要对获得图像做适当的处理(如剪裁等),或者辅以其他信息(如获取图像的地点和时间),再将其输入模型。在另外一些情况下,输入和输出依赖于解决方案的确定。例如,根据用户电话咨询数据判断用户对客服的回答是否满意。对于这个任务,如果只有电话咨询的文字记录,那么这就是一个文本的情感分类问题。输入是文本,输出是情感标签;如果可以使用电话咨询的语音数据,这就是一个语音的情感分类问题,输入是语音,输出是情感标签;如果文本和语音数据都可以利用,这就是一个多模态的情感分类问题。输入是语音和文本,输出是情感标签。

(2) 确定目标函数。目标函数主要用于自动度量模型的好坏,从而指导算法学习到使得这个目标函数最优的模型。目标函数可以是误差平方和,也可以使用交叉熵(用于分类问题)。在再励学习中,目标函数可以是智能体要得到的奖赏。目标函数的选取会影响后面的假设空间和寻优方法。

(3) 确定假设空间。就是要确定在什么函数范围内寻找最优模型。这个假设空间可以是线性函数、多项式函数或者是一个神经网络表达的函数。

(4) 给出或者使用一种寻优的方法。在有些情况下,可以经过推导得到解析解,如前面的线性最小二乘方法;也可以是其他的优化方法,如梯度下降方法,这在计算机视觉章节讨论过。

(5) 确定使用什么数据训练模型。在回归和分类任务中,需要系统研发人员准备数据,并对数据标注,然后训练模型。在再励学习任务中,需要智能体与环境交互,从而自动获得数据。

7.6 过拟合与泛化

研究机器学习,有一个很重要的问题需要考虑,这就是泛化(generalization)问题。"泛化"在机器学习、人工智能中是一个专有名词。

在 7.1 节的回归问题中,我们观察发现 x、y 之间的关系可以"近似"用一个线性函数表示。这个发现成为了对于该问题的假设。

而实际上,我们并不知道这些数据"真正"是从哪个模型产生出来的,已知的只是用于训练模型的数据,我们的任务是把这些数据拟合好。当使用误差平方和衡量拟合的好坏时,可以发现在线性函数这个假设下,会产生一些误差,如图 7-7 所示的虚线。

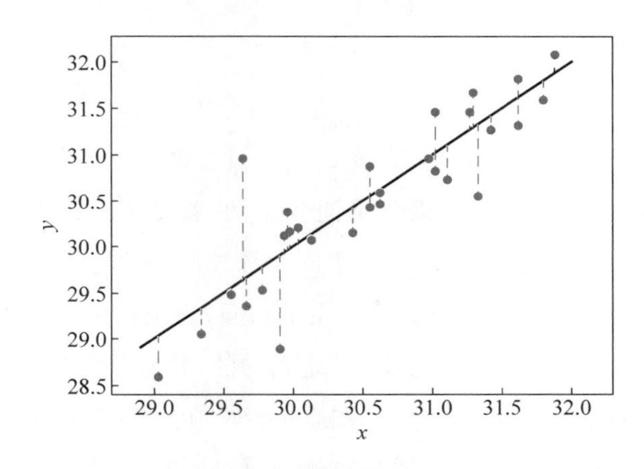

图 7-7　用线性模型拟合带来的误差

因为希望拟合得尽可能地好,也就是目标函数尽可能地小,所以可以尝试其他模型。例如,二阶多项式,三阶多项式……图 7-8 展示了用一阶、二阶和十阶多项式模型拟合另一组数据的情况(黑色曲线是拟合曲线)。可以看到,随着多项式函数的阶次增高,函数变得越来越复杂,而拟合误差越来越小。由于训练样本数量有限,因此某个阶次以后的多项式函数的拟合误差都是 0。

假如这些数据是从一个二阶多项式上产生出来的,如图 7-8 中虚线,并加入了一些噪声。虽然高阶多项式(如图 7-8 中十阶多项式)的拟合误差为 0,但是如果考虑一个训练数据外的其他的数据点,那么这个高阶多项式可能会带来非常大的误差。

一般来说,如果一个训练好的模型在训练数据集上误差特别小,准确率特别高,但是在测试集上准确率很低,就被称作过拟合(over fitting),也被称作过学习,就是拟合(学习)得太过了。过拟合也被称作泛化性差。

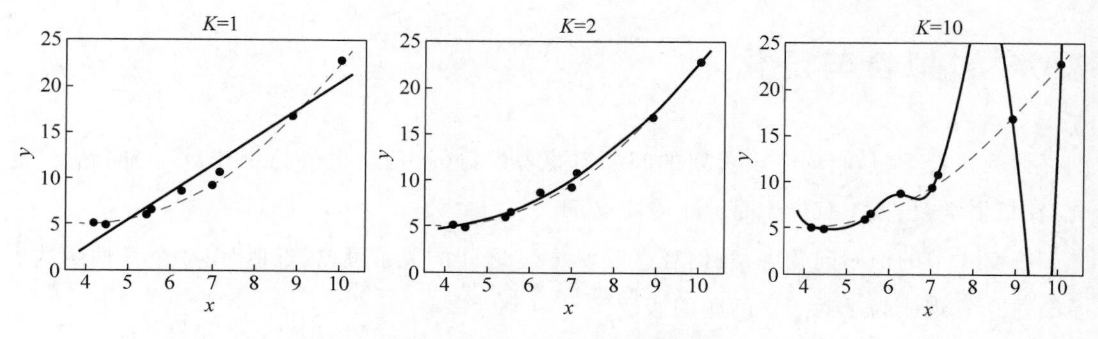

图 7-8　用一阶、二阶和十阶多项式模型拟合情况

因此,机器学习不仅仅是关心模型在训练数据集(见到的数据)上准确率高,还要关心在测试数据集(没见过的数据)上准确率高。

1. 同分布

机器学习还涉及一个重要概念:同分布。这个概念来自统计学,涉及的知识比较多,这里不做详细解释。直观地说,两个数据集是同分布的,就是说这两个数据集合的统计性质是相同的。例如,在一个大学随机抽取100个同学统计他们的身高。如果随机抽取了两次,每次得到一组身高数据。虽然这两组数据不完全相同,但是这两组数据的统计特性是一样的:在任何高度,人数的多少在"统计意义上"是相同的,其差异是来自抽取的同学多少和抽取过程的"随机性"导致的。如果在一个大学随机抽取100个同学,再在一个小学随机抽取100个同学,这两组同学的身高就不是同分布的,它们的统计特性不同:大学1.7m左右的学生要多,小学1.5m左右的学生要多。即使抽取的同学数量再大,这个差异也依然存在。再举一个例子,一组同学在教室环境下拍摄了各自的人脸图像,同样这组同学在火车站环境下也拍摄了各自的人脸图像。这两组图像由于脸的姿态、光照、背景等因素的差异一般不是同分布的。

在机器学习中,原则上,用于训练模型的数据和用于测试(或者实际使用该模型时)的数据应是同分布的。否则的话,该模型的测试效果不会太好。人们可以理解:一个用教室环境下的人脸图像训练好的人脸识别系统不太会在火车站广场环境下取得好的识别效果。其实人也有类似的体验:你习惯于看一个人戴着眼镜,再看他摘了眼镜的脸会觉得别扭和陌生。

如果训练数据和测试数据不是同分布的,模型的泛化性能一般来说是不好的。

2. 欠拟合

由于不知道产生数据的真实模型,因此如果选择的模型太简单,这个模型就不具备能够拟合好这些数据的能力。这时拟合误差就会太大。这种情况被称作欠拟合(underfitting),或欠学习,就是拟合得不够好的意思,如图7-8中$K=1$的情况所示。这是因为模型的表达能力不够导致的。

如何能够知道模型的训练是欠拟合还是过拟合?一般来说,可以这样做。把给定的一个数据集分成两部分:训练集和验证集。用训练集数据训练好一个模型,然后用验证集数据测试这个模型。根据模型在这两个数据集上的统计的误差,就有了下面3种情况:

欠拟合:在训练数据集上误差比较大,在测试数据集上误差也比较大。如图7-8中$K=1$情况。

过拟合:在训练数据集上误差非常小,在测试数据集上误差比较大。如图7-8中$K=10$情况。

拟合恰当:在训练数据集上误差小,在测试数据集上误差小。如图7-8中$K=2$情况。

当出现欠拟合时,说明模型太简单,表达能力不够。这时需要选择一个表达能力更强的模型,如选择更高阶的多项式,或者增加神经网络的层数;出现过拟合时,说明模型太复杂,表达能力强,但是样本太少。这时需要选择一个简单一点的模型,或者增加正则项,或者增加更多的数据来训练模型。

能否让算法自动选择合适的模型?对这个问题的研究被称作模型选择。

因此,最好的情况是拟合得刚刚好,不要欠拟合,也不要过拟合。能做到这样是很难的。实际中,人们常常采取这样的策略:因为无法判断什么情况是刚刚好,所以一般会让模型略微的过拟合,但不要欠拟合。

7.7 机器学习的思想

传统的科学研究,如物理学、化学,对客观世界的认识规律是依靠数学来支撑的。比如说物理学中的欧姆定律、牛顿运动定律,都是科学家发现的规律。科学家用完美的数学方程来描述这些规律。这些发现来自科学家对研究对象的深入理解和感悟。

这样的研究思路在某些领域会遇到很多困难。比如在心理学、经济学这样一些学科,虽然经过多年的研究,但是仍然很难找出适当的方程或者数学公式来准确描述其研究对象及其规律。

和传统的科学研究的思路不一样,当前的机器学习采取了数据驱动(data driven)的思路。下面以一个具体问题为例,来讨论这一思路。

如果一条曲线是圆,只要知道这个圆的圆心和半径就可以使用圆的方程来表示。但是如果曲线比较任意，如图 7-9 所示，用目前已知的一些简单的数学方程就很难显式并准确地描述这条曲线。

图 7-9　比较任意的图形

现在可以这样考虑这个问题。除了把这个方程显式地写出来以外，也可以从另外一个角度描述这条曲线。如图 7-10 所示，如果已知这些点(浅色和深色的点)，那么这个圆就确定下来了。特别是当这些点的数据量达到几万个、几十万个或者几百万个时，对于这个圆的“描述”就会非常准确。这就是以数据为核心的思路。大量的数据本身，就能够表示(或者近似表示)一条曲线、一个区域、一个方程或者一个数学概念。

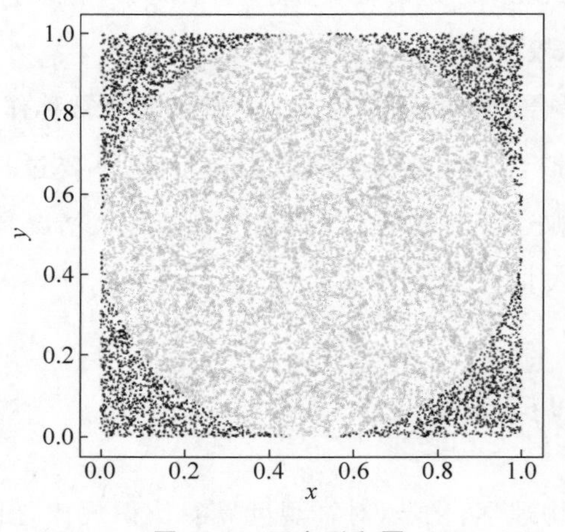

图 7-10　正方形和圆

当然，怎么使用这些数据是比较技术层面的问题。一种思路就是把这些数据收集好，不对它们做处理，使用时直接找其中最合适的数据。这种思路的一个代表算法就是近邻法。人们使用的很多检索工具，如百度搜索、图书馆信息检索系统，都或多或少采用了近邻法的思想。另一种方法就是利用这些数据学习出一个函数用来替代真实函数。要学习的函数可以是人们比较熟悉的函数，如线性函数、多项式函数、指数函数等，也可以是用一个神经网络表示的一个函数。这就是机器学习的思想。

7.8 黑盒和白盒

在研究人是如何理解图像、声音和文字时，发现我们对人脑的工作机理和过程是不清楚的，因此人脑是一个黑盒(black box)，看不到盒子里面。而识别图像的机器学习算法只是从功能上模拟这个黑盒，也就是给一个输入，希望模型给出和人的判断相同的输出。相反，如果对于一个分类问题，能很清楚地知道其分类原理，那么就可以根据这个原理建立模型，对数据分类。这时的研究问题就是一个白盒(white box)，可以看到盒子里面。如生产线上有两种长条产品，一种超过1m，另一个短于0.1m，那么就可以根据长度对这两种产品识别。这就是一个白盒模型。

一般来说，解决白盒问题要比解决黑盒问题容易。这个盒子越黑，人们对问题的机理了解越少，因此对数据的依赖性越强；盒子越白说明人们对该问题的知识就越多，因此使用少量数据就可能做好。所以，在机器学习里人们会关注两方面：数据和知识。在搜索章节也讨论过这个问题。

在有些实际问题中，人们对问题有一些知识，但是又不充分。这时，也可以把仅有的知识放入模型中，这个模型就不是全黑的，而是变得有点灰，这样就可以减少对于数据的依赖性。

如何把知识加入模型中，是一个重要的研究课题。模型本身的设计就是加入知识的方式。另外，通过加入正则约束的方式也可以将知识加入模型中，如稀疏约束等。

7.9 机器学习生态

机器学习的研究方向包括了理论研究、方法研究、应用研究和应用开发。

机器学习方法研究主要关注新模型、新算法等方面的工作。理论研究主要关注一些方法的性质、特点、局限等方面的工作。应用研究关注如何把机器学习方法应用于解决一些实际问题。应用开发的工作主要关注如何把应用研究成果转变为可以实际使用的产品。

一般来说，人们了解比较多的是方法研究成果和应用研究成果。这些成果的数量多，通常都会以论文形式发表，所以被广泛关注和了解。机器学习理论研究内容通常比较抽象和艰深，距离实际应用比较远，被了解的程度小一些。应用开发的成果很少以论文形式发表，而主要体现在产品上，因此成果细节就不太会被广泛了解。

人们发现，从事机器学习研究的人侧重点不一样，有的人可能专门研究理论，有些人可能更关注应用，有些人一心一意做产品开发。由于时间和兴趣的原因，一般来说，一个人在一段时间内比较关注其中的一个或者两个方面。

当前的研究中，深度神经网络成为很多人关注的模型。神经网络模型的设计和要解决的实际问题密不可分。例如，卷积神经网络特别考虑了图像的特性，其操作非常适合图像一类问题。Transformer 模型特别考虑了语言的特性。因此，在方法研究中势必要了解实际问题。在方法和模型研究、应用基础研究之间就没有明显的界限，只是不同侧重点的人看问题的角度会有不同。

7.10 机器学习理论

机器学习理论研究包括很多内容，下面介绍统计学习理论的一点工作。

统计学习理论研究算法的泛化性能和数据、学习函数之间的关系。一个重要结论是

$$R(\omega) \leqslant R_{\mathrm{emp}}(\omega) + \Phi(n/h) \tag{7-11}$$

式中，$R(\omega)$ 和 $R_{\mathrm{emp}}(\omega)$ 分别为一个学习系统的期望风险（expected risk）和经验风险（empirical risk）。可以理解为通过学习方法得到的一个模型、系统、产品在实际应用时的错误率和在实验室训练这个模型、系统、产品时的错误率。这二者之间相差一个 $\Phi(n/h)$。样本数越多，$\Phi(n/h)$ 越小；模型越简单，$\Phi(n/h)$ 越小。

莱斯利·瓦利安特（Leslie Valiant，1949 年 3 月 28 日—），出生于匈牙利布达佩斯，英国计算机科学家。1984 年，他提出概率近似正确学习框架[probably approximately correct (PAC) learning framework]。他开辟了计算学习理论方向，为机器学习研究提供了理论基础，开创了机器学习新时代。他于 2010 年获得了图灵奖。

例如，人们在研发阶段训练了一个图像识别系统，错误率很低为 0.01%。这个图像识别系统在实际应用时效果如何？由式(7-11)可知，如果训练这个识别系统时，用到的数据非常多，那么实际应用时错误率就会接近 0.01%；如果这个图像识别模型非常简单，实际应用时错误率就会接近 0.01%。

7.11 进一步学习的内容

回归和分类问题都是监督学习问题，聚类是非监督学习问题。如果在收集的数据中，有部分数据标注得很好，还有大量数据没有标注，是否可以设计算法综合利用这些数据，使其可以比非监督学习性能好，同时又有比较小的花费？这就是半监督学习（semi-supervised learning）任务要解决的问题。

有时监督信息不够精确。如人们可以说：这张图片中有一只鸟。但是没有精确标出鸟的具体位置；或者很粗略地画了一个大的方框，其中包含了一只鸟，但是还存在很多区域是背景。弱监督信息下的学习就是要解决这一类问题，多示例学习（multi-instance learning）

就是其中一类方法。

在自然语言处理与理解章节中，介绍了一种学习方式：自监督学习（self-supervised learning）。在BERT中，使用了自然语言句子中字词的先后顺序，把这个信息用作监督信息指导模型学习和调整参数。监督信息由于不是让人们“刻意”标注的，因此也被有些人认为是无监督学习。但实际上，这些文字是人们写出来的，只不过不是专门为了训练模型而写。

和前面的学习方式不同的是：再励学习是智能体主动地和环境交互，得到反馈，进行学习。它得到的奖赏可以看作是一种监督信息。

下面是机器学习方面的三个有影响力国际会议：

- ICML（International Conference on Machine Learning）
- NeurIPS（Conference on Neural Information Processing Systems）
- ICIR（International Conference on Learning Representations）

下面是机器学习方面的两个会议，会议注重在机器学习的两个具体方向，规模相对小一些：

- COLT（Annual Conference on Computational Learning Theory）
- UAI（Conference on Uncertainty in Artificial Intelligence）

下面的杂志中有机器学习方面很优秀的一些文章发表：

- *Journal of Machine Learning Research*
- *Machine Learning*
- *IEEE Transactions on Pattern Analysis and Machine Intelligence*

机器学习涉及的内容非常多，有大量的教材、书籍等供大家学习。扫描二维码可以获得资料清单。

进一步学习的内容

练习

1. 在用多项式拟合函数时，为什么样本数 N 小于多项式阶次 m 时，拟合误差 E 可以达到0？

2. 根据表题2，通过回归方法计算变量之间的线性关系。

表题 2

Index	x	y
1	5	2
2	8	1
3	10	0
4	12	2
5	14	0

3. 请列举3个能够用再励学习方法描述的例子，并确定每个例子的状态、动作以及相应的奖赏值。请尽量列举3个不同的例子。

4. 请列举3个生活中具有马尔可夫性质的例子。

5. 在例7.5中采用了再励学习方法走迷宫。和搜索方法相比，再励学习方法解迷宫问题有什么优缺点？

6. 在例7.5中采用了再励学习方法走迷宫。如果只根据走出迷宫时路径的长度给出奖赏，如何把这个奖赏分配给其中的各个决策？如果迷宫很大，只依赖走出迷宫时路径长度给出奖赏就太稀疏了。有什么方法可以缓解这个问题？

7. 在例7.5中采用了再励学习方法走迷宫。如何评价一个再励学习方法走迷宫的性能？

8. 机器学习方法由哪些关键要素构成？

9. 你设计实现了一个人脸识别系统，发布之前做了一个测试，错误率是2%。请问这个2%是经验风险还是期望风险？为什么？

10. 描述使用BP算法学习一个神经网络的过程。

11. 神经网络算法有时会出现过拟合的情况，那么可以采取哪些方法缓解过拟合问题？

12. 一个同学在使用BP算法训练一个神经网络对树木和建筑的图片做分类，但是训练了很长时间，误差函数还是很大。问题可能出在哪里？

13. 一个同学在使用BP算法训练一个神经网络对树木和建筑的图片做分类，训练后，这个网络可以正确识别所有的图片了。但是发现，在新采集的一些图片上识别率很低。这是怎么回事？如何解决这个问题？

14. 采用C均值聚类算法将5个一维样本聚成两类。这5个一维样本为1、9、4、2、10。写出聚类过程。

15. 采用C均值聚类算法将6个二维样本聚成三类。这6个二维样本为(1,1)，(1,2)，(2,1)，(5,4)，(5,5)，(4,5)。写出聚类过程。

第8章 推　理

推理是早期人工智能研究的主要问题之一。在1956年人工智能研究初期，计算机程序就已经能够进行定理证明。当时 Newell，Simon，Shaw 设计完成了逻辑理论机（logic theory machine，一个推理程序）。伯特兰·罗素（Bertrand Russell）与其老师怀特海（Alfred North Whitehead）合著了一本书叫《数学原理》，逻辑理论机就可以证明该书第2章后面几十个定理。

8.1 表示一个待求解问题

要解决一个问题，首先要用计算机来表示这个问题。"表示"是人工智能中特别重要的一个问题，在计算机视觉、计算机听觉、自然语言处理和理解等章节，都讨论过"表示"这一问题。

一般来说，一个推理问题就是要根据已知的一些条件，逻辑地推出一些目标结论。因此，需要对这些已知条件和目标结论进行表示。

表示已知条件和结论可以有很多表示方法。下面给出谓词表示方法。

例 8.1 "张小龙是清华大学一个学生"可以表示为：THStudent(张小龙)。其中的 THStudent(x)是谓词(predicate)，表示 x 是清华大学一个学生。

在当前的高中课本中已经有谓词及其相关的简单知识内容。THStudent 本质上就是一个用字符串构成的符号。在实际应用时，可以根据自己的喜好使用不同的符号来表示这个意思，以方便人的阅读和理解，如 Tstudent (x)，或 T(x)。其中，x 是变量。变量不同，可以得到不同的表示：THStudent(李四)，THStudent(王五)。谓词表示方法很灵活。

8.2 推理规则与形式化推理

当我们对于推理任务的已知条件和目标进行了表示后，就需要给出推理算法。正如在搜索章节讨论过的，算法是一个过程、一个流程，它告诉计算机在什么情况下做什么事。传统的一种推理算法通常是利用推理规则对推理问题进行的形式化推理过程。下面讨论什么是推理规则和形式化推理。

例 8.2 现在有这样几句话：

(1) 所有的偶数都可以被 2 整除。

(2) 数字 4 是一个偶数。

(3) 数字 4 可以被 2 整除。

请证明(3)是(1)和(2)的逻辑推论。

这个例子是要完成这样一个任务，如果知道(1)和(2)，那么使用逻辑的方法证明(3)是对的。证明这个例子并不困难。(1)是一个普适的规则(所有的偶数具有的一个性质)。(2)给出一个特例(数字 4 是其中一个特例)。由此可以知道，这个特例 4 具有(1)的性质(可以被 2 整除)。实际上，这是人们常用的推理方法。

实际中的很多推理任务，包括特别复杂的推理任务都是由一些最基本的推理单元构成的。有些基本的推理单元是以推理规则的方式表示。例 8.2 就是一个推理规则。此外还有一些推理规则，下面列出几个：

(1) 附加：$A => (A \lor B)$。

(2) 简化：$(A \land B) => A$。

(3) 假言推理：$((A \to B) \land A) => B$。

(4) 拒取式：$((A \to B) \land \sim B) => \sim A$。

(5) 析取三段论：$((A \lor B) \land \sim A) => B$。

(6) 假言三段论：$((A \to B) \land (B \to C)) => (A \to C)$。

上面的推理规则是用谓词逻辑的方式表述的。下面解释一下其中的几个。

第(1)条“附加”解释为：如果 A 是成立的，那么 $A \lor B$ 也是成立的。$A \lor B$ 表示 A 成立或者 B 成立；$A => B$ 表示根据 A 可以逻辑地推出 B，可以解释为如果 A 正确那么 B 也正确。

第(4)条“拒取式”解释为：如果$(A \to B)$是成立的，并且$\sim B$ 是成立的，那么$\sim A$ 就是成立的。$(A \to B)$表示根据 A 可以推出 B，$\sim B$ 表示非 B。这一条实际上就是说$(A \to B)$成立的话，它的逆否命题也是成立的。

在给定已知条件的情况下，根据这些推理规则就可以进行推理，最终得到目标结果。值得注意的是，上面的这些推理规则中，不论 A、B、C 这些命题的具体内容如何，上面的推理过程都是正确的。以第(1)条“附加”为例，A 可以代表“2 是一个偶数”，也可以代表“太阳从东边升起”。这种脱离了命题的具体含义进行的推理叫形式化推理(formal reasoning)。形式化推理研究的就是在纷繁复杂的客观世界表象后面的那些更为本质的推理规律、规则等。

对于一个客观世界的推理问题，一旦把已知条件和目标结论形式化为符号表示（如谓词表示），就可以使用形式化推理规则对这些已知条件进行一步一步的推理，从而得到目标结论。把客观世界的问题形式化为符号表示的过程也叫做形式化过程。例8.1给出的就是一个形式化过程。

例8.3　已知下面的条件：

(1) $P\vee Q$。

(2) $P\rightarrow R$。

(3) $Q\rightarrow S$。

(4) $\sim S$。

请证明R是上面条件的逻辑推论。

证明：由上面条件和推理规则可以得到

(5) $\sim Q$（根据条件(3)和(4)，利用拒取式规则）。

(6) P（根据条件(1)和中间结论(5)，利用析取三段论规则）。

(7) R（根据条件(2)和中间结论(6)，利用假言推理规则）。

证明完毕。

例8.3给出了一个略微复杂一点的形式化推理过程。从这个推理过程可以知道，如果有一个算法能够告诉计算机在什么情况下使用哪些条件进行推理，这个算法就起到了推理的作用。因此，设计推理算法就成了核心问题。

8.3　推理算法以及推理算法的关键问题

假设已经把一个推理问题的已知条件和推理目标形式化为符号表示。下面先给出一个非常简单的推理算法。

一个简单的推理算法。

第一步：将所有的已知条件放入条件集合 S_{old}。

第二步：考虑集合 S_{old} 中两个条件的所有组合，根据已知的推理规则集合 C 是否可以得到新的推理结果，如果是，就将新的推理结果加入集合 S_{new}。

第三步：如果 S_{new} 为空，算法结束：得不到推理目标。

第四步：如果推理的目标在 S_{new} 中，算法结束，得到了推理目标。

第五步：考虑集合 S_{old} 中的一个条件和 S_{new} 中的一个条件构成的所有的条件对，以及

S_{new} 中任何两个条件，根据已知的推理规则集合 C 是否可以得到新的推理结果，如果是，就将新的推理结果加入集合 S_n。

第六步：$S_{old}=S_{old}\cup S_{new}$。

第七步：$S_{new}=S_n$。回到第三步。

在推理算法中，有两个关键问题需要关注。

关键问题 1：选择哪些条件进行推理？

推理问题和别的一些问题（如计算机视觉、听觉等感知问题）不太一样，根据已知的一些条件，在推理时会不断得到一些中间结论（如例 8.3 中的中间结论(5)、(6)）。这些中间结论也会被用来做进一步的推理。

因此，在推理时，面对已知条件，以及得到的中间结论，应该选择哪两个，或者哪几个条件做推理？这是一个关键问题。

在上面的简单推理算法中，只考虑了使用两个条件进行推理的可能。由于不知道使用哪两个条件做推理，所以采用了遍历所有条件对的策略。这样做的优点是不会遗漏推理的可能条件对，缺点是计算量比较大。

关键问题 2：使用什么推理规则？

当有了两个已知条件，或者中间结论时，用什么推理规则进行推理？例 8.2 给出的是一个简单的推理规则。例 8.2 后面还给出了"附加""假言推理"等几个推理规则。

在上面给的推理算法中，没有明确指出应该使用推理规则集合 C 中的哪一条规则。一种简单做法就是遍历所有的规则。

当需要进行推理的时候，面对这么多规则应该选哪一条？如果选得好，推理过程可能就很简单；如果选得不好，推理过程可能就会复杂。遍历所有规则的做法计算量会比较大。

如果可以找到一条推理规则，只要使用这一条规则就可以完成推理过程，问题会简单很多。早期人工智能就有这样一个研究成果：归结原理(resolution principle)。归结原理的精彩之处就是：只要反复使用归结这一条规则就可以了。

8.4 和推理相关的一些理论问题

对于一个推理算法，可能会有下面这样的问题：

(1) 算法能找到问题的解吗？

(2) 算法的计算复杂度如何？

第一个问题是说，如果根据已知条件和推理规则，一定存在一个证明过程（这里不考虑不存在证明的情况)，这个算法能找到这个证明过程吗？2.3节给出的宽度优先搜索的推理过程，通常情况下是可以保证能找到这个证明过程的。当然，不是每一个推理算法都具有这个性质。

第二个问题就是算法的计算复杂度。对于2.3节给出的宽度优先搜索的推理算法，遍历了所有的推理的可能性，以免遗漏可能的推理途径。一般来说，这样的算法计算量都非常大。

搜索问题中解的性能是一个重要问题，就是一个解是否是最优的。如果这个解不是最优的，那么它和最优解相差多少。但是在推理问题中，相对来说，一个解的最优性没有受到很大的关注。研究人员更关注的是一个证明过程是否可以找到。至于这个证明过程是否是最简洁的，研究人员对此的关注力弱一些。

8.5　推理方法

已有的研究中，发展了很多推理方法。下面列举几个：

(1) 归结原理方法。

(2) 基于规则的方法(正向推理、逆向推理)。

(3) 时空推理方法。

(4) 贝叶斯网络方法。

(5) 深度神经网络方法。

归结原理方法就是给了一种推理规则和推理过程，在这个推理过程中，反复使用这一条推理规则就可以完成推理任务。它避免了推理规则特别多时选择的困难。

基于规则的方法也是一种常用的推理方法。在使用这类方法的时候，需要把一些已知的条件写成“if A then B”(如果A，那么B)这样的形式。对于给定的已知证据，或者得到的中间结果，寻找能匹配的规则(就是已知证据和A能够匹配)，找到后，启动该规则进行推理，将得到的结果B放到当前的证据集合中。

时空推理方法关注涉及时间和空间因素的推理问题。在这类问题中，往往会涉及物体在空间中的上下关系、左右关系、里外关系等，以及在时间上的前后关系。下面举一个时空推理问题的例子。

例8.4　关于a、b、c、d、e有下面5个描述：

(1) a在b的后边；

(2) e在b的前边；

(3) a在c的后边；

（4）d 和 c 在同一排；

（5）a 在 d 的前边。

这里面有一个描述是和其他描述矛盾的。请把矛盾的描述找出来。

时空推理方法是一类推理方法的统称。人们可以设计不同的算法完成时空推理问题。

贝叶斯网络方法是推理中特别重要的一类方法。归结原理、基于规则的方法适合确定性的推理任务。但现实中的很多推理任务具有不确定性，这时，归结原理、基于规则的方法不适用。

不确定推理是推理研究中的很重要的一个方向，曾有不少的方法被提出。而贝叶斯网络具有很大的影响力，成为一个重要的研究方向。

朱迪亚·珀尔（Judea Pearl），美籍以色列裔计算机科学家和哲学家。

朱迪亚·珀尔提出了概率图模型方法。概率图模型是结合了图论和概率论来研究推理问题的方法，可以直观建模随机变量之间概率依赖关系。他下面的专著在学界有很大的影响：

Pearl J. Probabilistic Reasoning in Intelligent Systems，Morgan Kaufmann，1988.

后来，他致力于因果关系和因果推理方面的研究。他因人工智能概率方法和因果推理方面的工作于 2011 年获得了图灵奖。

图 8-1 给出的是一个具有 4 个随机变量的贝叶斯网络，其中每一个椭圆代表一个节点，表示一个随机变量，箭头表示了变量之间的因果关系。例如，在该图中，下雨（Rain）是草地湿（WetGrass）的原因，洒水（Sprinkler）也是草地湿（WetGrass）的原因。图中的表格表示了相应的随机变量取不同值的概率。如：下雨（Rain）旁边的表格表示多云（Cloudy）发生时（Cloudy＝True），下雨的概率为 P(Rain＝True)＝80％。有了这个模型，当一件事情发生时（如多云 Cloudy＝True），就可以对其他变量进行推理，得到其他变量取值（其他事件发生）的概率。

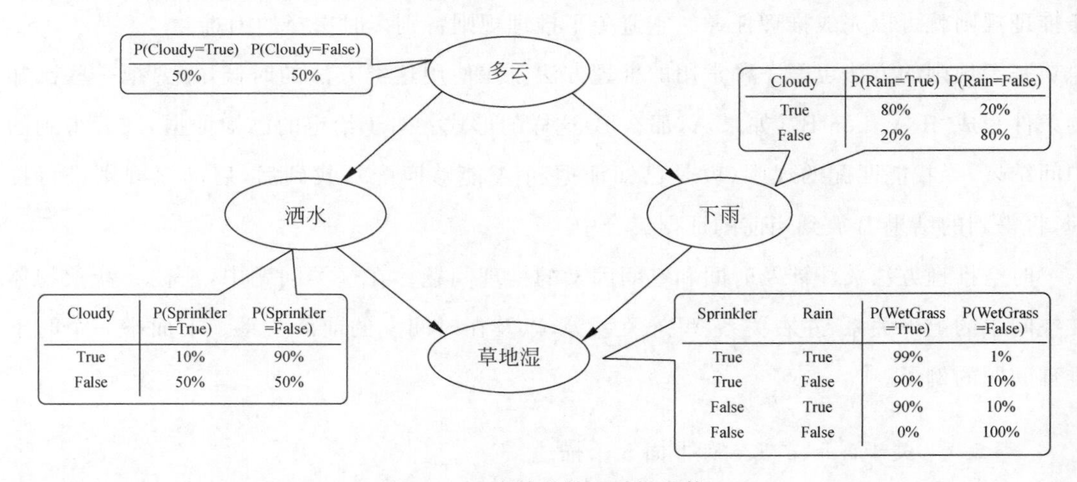

图 8-1　一个简单的贝叶斯网络

在贝叶斯网络上推理的算法有很多。但是相当多的算法计算量特别大，有的算法是指数爆炸算法。因此，有一些研究工作就是在寻找快速、高效的推理算法。

8.6 深度学习时代推理研究的新任务

深度学习时代，计算机视觉、自然语言处理、计算机听觉等方面取得了可以落地的技术成果。在这种情况下，出现了一些新的研究问题和研究方向。

在传统的推理研究中，已知条件和证据都是以谓词、或者规则的形式输入给算法的。这些谓词、规则通常都是人工输入到计算机中的。但是在实际应用中，推理问题往往来自语言（自然语言、数学语言等）的描述，或者包含问题描述的图片等。人们希望从语言的描述，或者包含问题的图片到谓词的这个转换过程可以让算法来完成。这样，就可以实现从实际问题描述到推理结果的自动化过程。

例 8.5 四个人 A、B、C、D 在争论今天是星期几。A 说明天是星期五，B 说昨天是星期日，C 说你们俩都不对，D 说今天是星期六。其中只有一人说对了。问：今天是星期几？

在这个例子中，问题的描述是自然语言。因此如果使用传统的推理算法推理，就需要计算机把上面的语言转换成为要推理的谓词，然后执行推理算法。

例 8.6 已知三角形 ABC（如图 8-2），$AD=3$，$BD=12$，求 CD 长度。

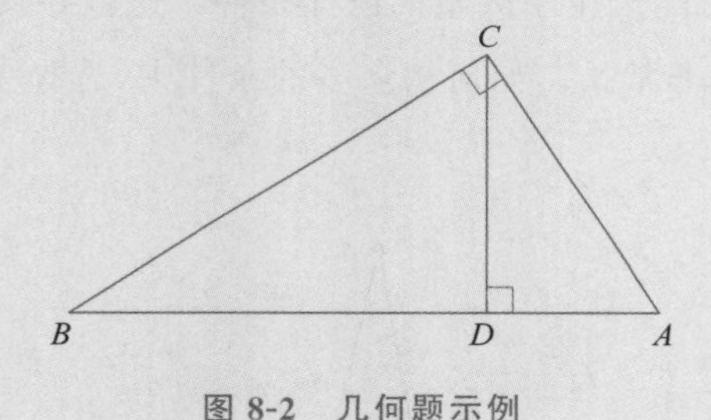

图 8-2 几何题示例

在这个问题里需要计算机能理解自然语言描述（如已知三角形 ABC）和数学语言（如 $AD=3$），读懂几何图（如图 8-2 所示），将它们转换成谓词，然后进行推理给出证明。读懂几何图意味着理解各条直线之间的关系（相交及其交点、垂直、构成的三角形），以及符号 A、B、C、D 与各个直线交点的对应。在得到文字和图的符号表示以后，就可以使用传统推理算法进行证明。

8.7 推理研究当前的方法和挑战

如果采用传统推理方法，就需要采用这样的思路：先把问题描述转换成为谓词，然后开始进行逻辑推理。这样的思路也被称为先感知，再推理。这样做可能会有下面的问题需要考虑。

（1）感知的过程可能会出错。

根据当前的技术特点和技术水平可以知道，对于自然语言、图像、声音的感知可能会出错。这就意味着在转为谓词时（或者转换为其他符号形式时）会出现错误。如在例 8.6 中，有可能把图像中的字母 D 识别为字母 O。在这种情况下，需要对有错的已知条件进行推理。而在传统的推理研究中总是假定已知条件是正确无误的。因此，在推理过程中需要考虑已知条件可能发生错误，并且当推理无法进行的时候，需要修改前面的感知过程使得能够继续推理。对此，反译推理（abductive reasoning）等技术和方法会有助于这些问题的解决。

（2）一个推理问题的已知条件可能非常多，导致推理算法的计算量非常大。

一个推理问题的已知条件非常多的时候，即使推理算法不是指数爆炸算法，算法所需要的时间有时也是无法满足实际需要的。

以图 8-3 为例，其中任何两条不平行直线都会有一个交点，而根据每一个交点都会有四个角，这四个角因为补角和对顶角从而产生 6 个方程；任何三条不平行的直线也会产生一个三角形，由三角形的内角和定理也会得到 1 个方程，根据三角形的外角和内角之间的关系，又会产生 3 个方程；由此，产生了大量的已知条件。这就导致推理算法在推理时的搜索空间非常大，算法执行时间非常长。如何从众多的条件中，选择要进行推理的条件，是需要解决的问题。

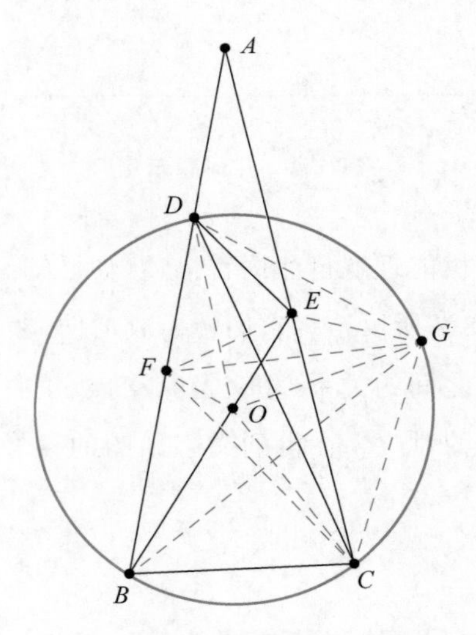

图 8-3　复杂的几何题示例

（3）在解决一个实际推理问题时，可能需要用到的知识非常多，而其中有些知识无法提前一一列举出来。

通常的平面几何题的求解都是利用已知的几何知识。例如，开始学习平面几何的时候，所学习的知识只有点、线和简单的有关三角形的一些知识，因此几何证明题就是利用这些知识。如果有些题目的证明所使用的知识超出了通常使用的知识和定理，还需要用到虽然是学生学习过、但却是更为广泛的知识，这时的证明题通常就更“难”一些。这样的推理问题，对推理算法也同样是挑战。

知识是无限的(参看知识表示与知识获取章节内容)，不可能把世界所有知识都放到计算机内供推理使用。而在推理时因为不知道会使用哪些知识，因而知识库中可能不存在推理要使用的知识，这导致推理变得很难。这也被称为“开放环境”(open world)下的推理问题。开放环境是指推理算法运行之前，没有办法给出一个明确的所要使用的知识边界(一个确定的知识库中的知识是有边界的)。

ChatGPT这样的预训练语言大模型表现出了推理能力。例如，图8-4中的对话就展现了其逻辑推理能力。这样的大模型将感知和推理结合在了一起。其贡献在于：

(1) 预训练语言大模型在不确定性推理、常识推理方面开辟了新的道路。

传统的常识推理通常是要建立一个常识库，然后设计算法在这个知识库上推理。但是，常识知识的获取、表示、推理都是非常困难的问题。预训练语言大模型走了一条和传统方法不同的路。

在不确定性推理这个问题上也是这样。不确定推理是推理研究中的一个难题。预训练语言大模型把知识的不确定性和推理合二为一，探索出了新的推理研究思路。

(2) 大模型将知识的获取、表示和使用合为一体。

传统的方法中，由于知识，特别是常识的多样性，导致知识库上的推理算法纷繁复杂。而预训练语言大模型把知识的表示、推理合二为一，展现了好的推理能力。

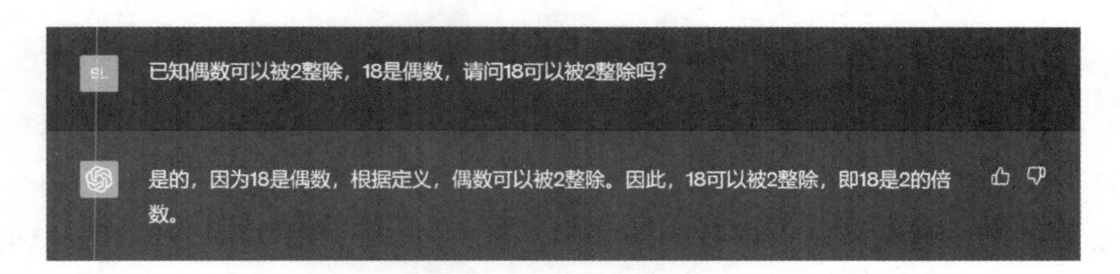

图8-4 ChatGPT表现出的推理能力

对于使用预训练语言大模型进行推理研究，有下面的关键问题需要研究。

(1) 预训练语言大模型的推理能力还比较弱，有时也会出现推理错误，如图8-5所示。为什么它会出现这样的错误？如何避免这样的错误发生？这些是需要研究的问题。

(2) 关于预训练语言大模型进行推理研究的理论工作。预训练语言大模型是通过学习算法实现推理功能的。人们会关心：它学习的泛化性能等问题。

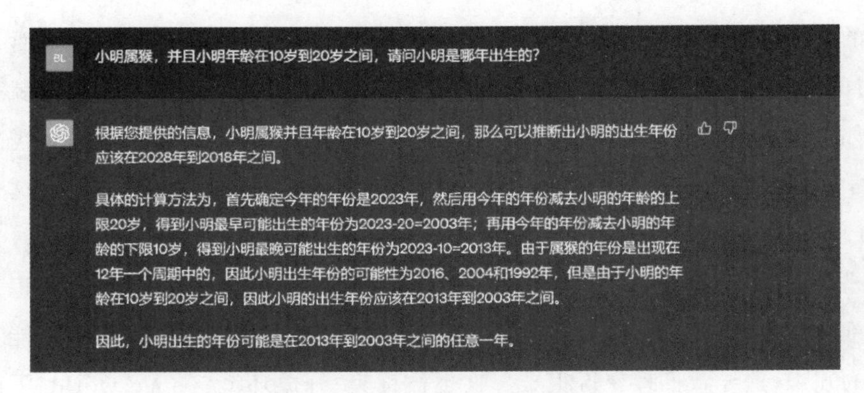

图 8-5　ChatGPT 出现的推理错误

8.8　和推理密切相关的一些任务

1. 自动定理证明

例 8.5 给出的就是这样一个问题。实际上，人们还希望人工智能系统发现新定理，并对新定理进行证明。

2. 对话和问答

在对话和问答任务中(参看自然语言处理与理解章节)，会涉及推理。

例 8.7　在问答系统中，可能会问下面的问题：

(1)“亚里士多德用过电脑吗？”

(2)“2 的对数加 22 的对数是多少？”

在例 8.7(1)中，需要用到知识有亚里士多德的生卒年月、电脑出现的时间；一个人使用一个物品的前提条件是两者时间有重叠，并由此进行有关时间的推理。

例 8.7(2)给出的是一个典型的数学运算问题。如果一个问题涉及了数学运算，就需要进行推理才能得到正确的答案。

3. 事实确认

例 8.8　考虑下面的事实确认(fact verification)问题：

(1) 对清华大学有如下陈述“清华大学前身清华学堂始建于 1911 年”，请问如下陈述符合事实吗？“清华大学建校有 100 多年了”。

（2）一段事实："桌上有几个红富士苹果"。下面的陈述是否是事实：

- "桌上有苹果"。
- "桌上有水果"。
- "桌上有东西"。

（3）一段事实："小明在种植红富士苹果，他找到了红富士浇水、施肥生长的规律"。下面的陈述是否是事实：

- "小明找到了苹果生长规律"。
- "小明找到了水果生长规律"。
- "小明找到了事物变化规律"。

在现实生活中，人们往往会对自己知道的事情进行转述。转述是对已有事情加工和再陈述的过程。这时就会有这样的问题：这个再陈述符合事实吗？在例8.8(1)中，涉及了数学运算，需要进行推理以确定后面的陈述是否符合事实。在例8.8(2)，例8.8(3)中的问题会更为复杂。

8.9 神经感知和符号系统的"联合"

历史上，从20世纪50年代中期到80年代末的几十年中，符号人工智能占据着很重要的位置，并取得了一系列研究成果。当时的推理算法就是符号系统方法。当时，很多研究者认为，智能就是一套符号系统。这一思想在人工智能研究中占据了很长的时间，对搜索、推理、知识获取与知识表示、计算机视觉、计算机听觉、自然语言处理与理解等研究都有深刻影响。

符号系统的优点是：人能够理解其工作机制。也就是说，它的工作方式是人可以理解和解释的。

在很多情况下，人的思维和决策是清晰和可解释的，特别是在思考一些和推理相关的任务时。人们很明确地知道自己的思考过程，并可以用语言表达出来，这就是用符号系统的特点。离散是符号系统的一个重要特性。

而人工神经网络是在模拟大脑，或者说是在一定程度上模拟大脑。人们从神经科学和认知科学中获得一些启发，然后设计出了计算模型。人工神经网络中的基本运算是连续向量的运算，而不是离散的符号运算。

离散的符号人工智能和连续向量的神经网络人工智能是两条不同的路线。历史上，这两种流派之间也有过激烈的讨论。

但是，在前文讨论几何题的证明的时候，是先把语言变成谓词符号，把图像变成谓词符号，然后进行逻辑推理。这就涉及神经网络感知系统和离散符号系统的联合。

神经网络感知系统是在连续向量空间运行的系统，而离散符号系统是在离散空间运行的系统。当需要联合这两个空间的时候，就需要研究这两个空间之间的关系。

神经网络感知系统负责对环境感知，如识别图像、语音，理解语言。这个系统在训练的时候通常很慢，需要使用大量数据。但是一旦训练完成，系统在线完成感知任务非常快。人也是这样。例如，人们开始学习开车(或者游泳等新的动作时)会非常缓慢，需要长时间不断练习。而一旦学会了开车，见到路口的红灯，会"下意识"地迅速完成刹车动作。

符号系统，是逻辑的、结构的，通常很慢。例如，人们做几何证明题的时候，通常都需要慢慢想。题目越难，需要的时间越长。

哪些任务需要神经网络感知系统工作？哪些任务需要离散符号系统工作？通常来说，识别图像、语音，理解语言都是在神经网络感知系统中完成的。但是如果一个人遇到了没见过的图像，和一段很复杂的文字，就需要慢慢思考和理解，这时就是符号系统在工作。而对于一个逻辑和推理问题，如果长时间反复出现，人们也可以不假思考地给出这个推理过程，例如 1+1=2，这是一个数学推理问题，但是人们不需要慢慢推理就可以给出正确答案。它经过反复的训练后由神经网络感知系统完成。

在人工智能研究中，如何联合神经网络感知系统和符号系统完成实际任务？这是近年来人们关心的研究方向，被称作"神经符号机"(neural symbolic machine)。基本上会有不同的技术路线。一种如前所述，先感知再推理。采用这种方法时，感知系统和符号系统相对独立。另一种思路是两个系统紧密结合。如以符号系统为框架，以感知系统为模块的方式。

认知科学家认为，在人脑中有两个系统：系统 1 和系统 2。对这两个系统的特点总结如下：

系统 1：

快速，直觉，情感；

自动，无意识，无努力；

依赖经验，本能，联想；

容易受到偏见和启发式的影响；

适用于简单，熟悉，常见的问题。

系统 2：

慢速，深刻，逻辑；

有控制，有意识，有努力；

依赖信息，推理，分析；

可以避免或者纠正错误和偏见；

适用于复杂，陌生，罕见的问题。

这两个系统可以对应于人工智能中的神经网络感知系统和符号系统。

8.10　因果关系

科学研究的很多问题都是在探索因果问题。例如，什么原因导致了癌症的发生；如果二氧化碳排放减少50%，环境会发生什么样的变化？因此，探索事物之间的因果关系是一个很重要的问题。

在图像识别、语音识别等模式分类任务中，所依赖的大都是数据之间的相关性，而并非因果性。例如，人们的经验表明“公鸡叫，太阳就要升起了”。如果把这条经验写成一条规则，它很管用。这是因为公鸡叫和太阳升起这两件事情总是一起发生。然而，公鸡叫不是太阳升起的原因。类似的规律还很多：气象局数据表明今天要下雨，而气象局的数据不是今天要下雨的原因，而是相反；地震前动物有异常表现，而动物表现异常也不是地震的原因。

因果发现和推断关注很多问题，下面列举三个问题。

任务一：结果事件→原因事件

例如，有一个事件发生了，问这件事情发生的原因是什么？

任务二：原因事件→结果事件

例如，有一个事件发生了，问这件事会导致什么样的结果？

任务三：事件1＋事件2→事件之间的因果关系

例如，发生了两个事件，这两个事件之间有因果关系吗？

8.11　进一步学习的内容

推理是人工智能的传统内容，在很多的人工智能教材中都有相应的章节。

贝叶斯网络和概率图模型是一个专门的研究方向，也有专门的教材和课程。

扫描二维码，可以阅读有关推理方面的资料列表。

进一步学习的内容

练习

1. 请使用自然语言解释假言推理、析取三段论和假言三段论的含义。

2. 尝试使用“谓词”表示以下句子：

（1）汤姆是一只猫，图多盖洛是一只猫；

(2) 杰瑞不喜欢运动；

(3) 汤姆和杰瑞去吃饭；

(4) 如果汤姆去看电影，那么杰瑞就去运动。

3. 已知下面的条件：

(1) $P \wedge Q$。

(2) $(Q \vee R) \rightarrow \sim S$。

(3) $T \rightarrow S$。

(4) $\sim T \rightarrow U$。

请证明 U 是上面条件的逻辑推论。

4. 已知：如果龙是神，那么它是长生不老的，但如果它不是神，那么它就是一种寿命有限的动物。如果龙要么是长生不老的要么是动物，那么它就有鳞片。如果龙有鳞片，那么它就具有魔力。根据这些条件，能否推理出龙是神、龙有魔力？

5. 尝试使用大规模语言模型(如 ChatGPT)来解决不同类型的推理问题，举例说明大规模语言模型能够解决哪些类型的推理问题，难以解决哪些类型的推理问题。

6. 设计并实现一个算法，解决例 8.4 中的空间推理问题。算法的输入为若干个物体之间的空间关系，输出为这些关系是否存在矛盾，若有，则输出哪些关系存在矛盾。

7. 设计并实现一个算法，通过利用 8.2 节中给出的推理规则，解决例 8.3 中的逻辑推理问题。算法输入为若干已知条件以及希望求证的命题，输出为该命题是否能被已知条件证明。分析算法的时间复杂度。

第9章 多模态信息处理

人可以通过感受多种模态信息从而了解环境。人们也希望一个智能机器人能够获得多种模态信息，从而更好地感知环境，并完成指定的任务。因此，人们希望给机器人配备视觉、听觉等功能，让它能看到环境、听到周围声音、听到人的指令和问询、与环境交互，完成指定的任务。

人对于世界的感知一般通过几种途径：视觉、听觉、触觉、味觉、嗅觉。在认知科学中，多模态信息是指上面几种模态信息。但是在人工智能及其相关研究领域，"多模态"含义更广泛。人们可以通过技术手段获得类型更为广泛的数据，每种不同类型的数据称为一种"模态"的数据。例如，虽然都是图像，但通常的照相机和手机拍摄的可见光图像、红外图像、X光透视图像、核磁共振图像是不同类型的图像，因此这些图像被称作是不同模态的图像。与之类似，脑电信号、心电信号、皮电信号、手机的位置信号、电表中的用电信号等也都被称为不同模态的数据。

另外，人是通过视觉(看文字)和听觉(听人说话)来接受外界的语言信息的，因此语言在认知科学中不是一种通常的模态信息，而是一种"超"模态信息。但是，计算机可以直接接受文字输入，因此在人工智能中，语言是一种单独的模态数据。

由于传感器的原因，人们拥有的触觉、味觉、嗅觉的数据相对非常少，因此，当前的多模态信息处理在这些方面的研究比较初步。

虽然一个机器人具有了视觉系统、听觉系统等多个模态系统，但是有些系统中这些数据是单独运行和使用的，彼此没有关联。例如，一个图书管理系统包含了书籍的名称、作者等信息，同时还有图书封面的照片。但是在这个系统中，没有对其中不同模态的数据进行综合处理，这些模态的数据没有在一个智能任务中发生关联。这样的系统也不在本章讨论范围内。

9.1 多模态信息处理的简史

关于多模态方面的研究，可以认为起始于1976年发表在 *Nature* 上的一篇文章 *Hearing Lips and Seeing Voices*。它报道了这样一个现象：在观看一个视频的时候，画面里的人在说“gaga”(口型),配音是“baba”(声音),但是观看视频的人觉得画面里的人说的是“dada”。这表现出在语音感知过程中听觉和视觉之间的相互作用。这被叫做“麦格克效应”(McGurk effect)。关于这篇文章的视频在 YouTube 上可以找到。

后来人们开始尝试在做语音识别的时候通过图像把口型的信息加入,从而提高语音识别率。

多模态方面大量的研究工作是关于视频方面的研究,如视频镜头切换检测,视频的解译,视频摘要,视频中事件的检测等。视频、图像、声音都是媒体数据,因此,这些工作也被称作是多媒体(multi-media)计算。在 2000 年之后,由于检索系统的发展和影响,多媒体检索得到了很多的研究。

2010 年后,深度学习技术发展迅速并在单模态学习任务上取得了成功。这激发了多模态信息处理方面的研究,人们也都采用深度学习的方法。因此,这些被统称为多模态学习。

9.2 多模态学习任务举例

多模态学习任务有很多,这里列举其中的几个。

1. 语言引导的任务

语言是人与机器沟通的一种方式。在有些情况下,人们希望通过语言要求一个智能系统做出响应(完成任务)。下面是这方面的几个任务。

语言指导的图像编辑

该任务是用户通过语言要求智能系统对一张图片进行编辑和修改。如图 9-1 所示,第一排是原始图像,第二排是一个智能系统根据图片上方的文字对图片编辑后的结果。

图 9-1 语言指导的图像编辑

语言指导的图片/视频生成

该任务是用户使用语言来要求一个智能系统生成一张图片,或者一段视频。图 9-2 就是根据“一艘青花瓷质感的战舰”由文心一格(https://yige.baidu.com/)生成的一张图片(https://arxiv.org/abs/2210.15257)。类似地,人们也会希望根据文字提示来生成视频,如要求系统生成“一只海鸥在天空翱翔”的视频。

图 9-2　根据“一艘青花瓷质感的战舰”生成的图片

语言指导的视频分析

该任务是用户使用语言要求算法定位到一段视频的具体位置。例如,语言信息可能是“男主角进入房间播放唱片直到结束”。算法需要根据该信息从给定的一部电影中找到相应视频,就是要确定相应视频片段的第一帧到最后一帧。

视频的数据量大,人们常常需要寻找视频中某一片段,而人工查找相应片段往往非常费时费力,因此类似的需求会比较多。

语言指导的机器人操作

人们往往需要机器人完成一些任务。但是由于某些任务的复杂性,以及当前技术的瓶颈,人们需要和机器人进行交互和沟通,才能让机器人较好地完成任务。

语言指导的机器人导航是其中的一个任务。在这个任务中,可以要求机器人“向前走,到一个十字路口,向左转,继续走到一个红色大楼前停下。”在这个任务中,机器人需要理解语言,并转化为机器人行动的指令,执行指令。

随着智能机器人的发展,类似的任务可能还有很多,例如,要求机器人“到厨房拿过来一个玻璃杯”“把餐桌擦干净”等。

2. 使用语言对音视频描述

在这里,仍然是要利用语言的特性,让智能系统对图像、音视频进行语言描述,从而让人能够快速、大致理解相应的图像和音视频。

一个任务是图像描述(image caption)。图 9-3 显示的就是对一张图像的语言描述:根据这张图像生成了一句话描述该图片。

A black and white cat is lying on the floor.

图 9-3　对图像的语言描述举例

与之类似，可以对一段很短的视频进行描述，例如“两个男孩在操场踢球”；也可以对一段音频进行描述，例如“一个婴儿在哭”。

3．根据音频生成图像/视频

这个部分包括几个侧重点不同的任务。

一个任务是根据语音和一张人脸图像生成与之对应的人脸图像序列。这里的关键是要让语音和人的口型对应好。例如，人在发“a”的声音的时候，嘴巴是张开的；发“m”的声音的时候嘴巴是闭合的。这样一个系统可以用于类似新闻播报的视频生成。如果能够提供一个说话人，或卡通人物，带有三维信息的模板，由此生成的视频，从不同角度看，人物口型与语音都能够配准。

如果在上述任务中，还希望在口型与语音对应的基础上加入说话人的手势动作，让生成的视频更生动，这就是另一个新的任务。这个任务中，生成的动作更需要关注语音的节奏和情感。而在根据语音生成哑语的任务中，生成的动作更需要关注动作的表义部分。

还有一个任务和音乐有关。这个任务要求根据一段音乐，如小提琴的演奏录音，生成一个人演奏小提琴的视频。

4．视频中声音的定位、分离

在一段视频中，如果有人在说话，该任务就要把人说话的声音和视频中说话人做对应。如果有多个人在同时说话，就需要把每个人的声音分离，并与说话人做对应。

5．基于音视频的问答

这个任务是根据一张图片，或者一段视频，或者一段音频，对通过语言提出的问题做出回答。如针对图 9-3 的图片，对于问题“这只猫的毛是什么颜色的?”，或者“这只猫在做什么?”进行回答。

9.3　方法

多模态任务差异很大，因此采用的方法也千差万别。在深度学习时代，人们采用的基本上是基于机器学习的方法，因此被称为多模态学习。虽然大部分工作是基于人工神经网络的机器学习方法，但是采用的神经网络的结构会有很大不同。

粗略地看，对于多模态任务，其方法有一些共同点。可以将这些方法分成两类，如图 9-4 所示。

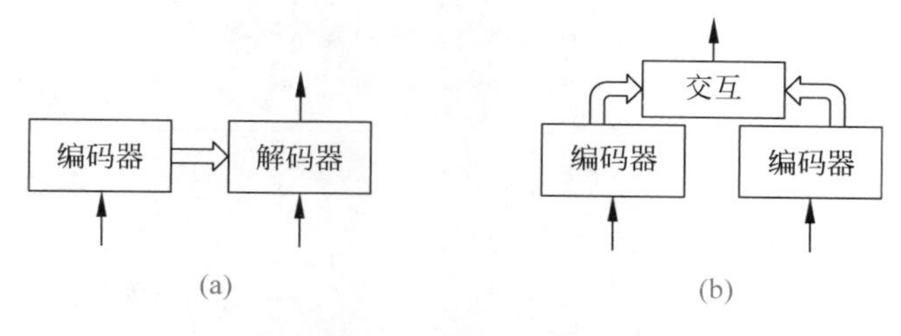

图 9-4　两类框架

一类思路如图 9-4(a)所示，一种模态数据作为输入，经过一个编码器模块后，将输入数据映射到一个语义空间。然后再经过一个解码器模块，把语义空间向量转化为输出。这个思路和机器翻译任务的思路是一样的(参看自然语言处理与理解章节)。在多模态任务中，对音视频的语言描述、通过语言生成音视频这样的任务都可以采用这一思路。

另一类思路如图 9-4(b)所示，两种模态数据都作为输入，经过编码器模块后再交互，最后输出结果。在基于音视频的语音识别这一类任务中，就可以采用这一思路。

9.4　关键问题

虽然多模态任务差异很大，采用的方法也不同。但是或多或少都涉及下面 5 个关键问题：表示、对齐、融合、翻译、共同学习。下面逐一讨论这些问题。

1. 表示

正如前面章节讨论的一样，对于一种模态数据首先要给出其表示。对于图像、声音、语言数据来说，其本身的数据格式不是该数据最好的表示。当前人们都会采用一个深度神经网络将这几种模态数据编码到语义空间。在多模态任务中，关键问题是要让不同模态数据的表示产生联系。

图 9-5 给出的是两种模态数据学习的一个表示框架。两种模态数据编码后会映射到各自的语义空间，这两个语义空间通过一些约束和限制产生联系。例如，对于分析一段音视频中的情感这一任务，音视频数据的情感一致性可以作为语义空间表示的约束。再比如，一段语音的数据和一个口型的数据，其语义一致性可以作为语义空间表示的约束。这样的约束会使得语义空间的向量得到更好的表示如图 9-6 所示。

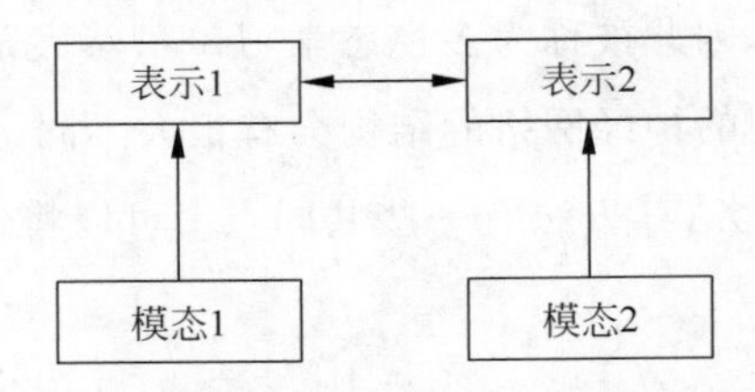

图 9-5　两种模态数据的表示框架

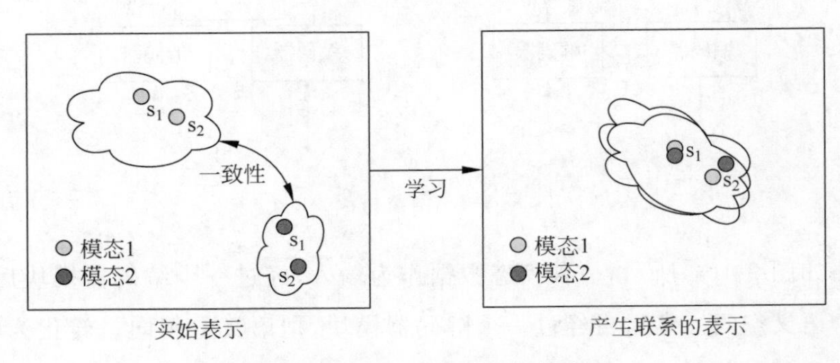

图 9-6　通过约束得到更好的表示

2. 对齐

多模态数据之间存在关联，这是多模态信息处理的前提。在多模态学习中，一个关键问题是要对于不同模态数据做对应，这被称为对齐(alignment)。例如，视频中一个人在说“桌子上有一个苹果”，这里的对齐就是要把语音中的“桌子”和“苹果”与视频图像中的“桌子”部分与“苹果”部分做好对应。

在有些数据中，不同模态的数据是显式对齐的。图 9-7 所示为一只篮球落地后弹起的视频中的几帧，以及录制的对应的声音。一只篮球落地时会发出声音，因此，视频中篮球落地的图片和击打地板的声音就是对齐的。一般来说，同期录音得到的视频，其图像和声音是对齐的。

但是在有些情况下，不同模态的数据不是显示对齐的，如图 9-8 所示。对于这张图片的描述是一个句子“A bird is eating leaves on the bookshelf”，但是并没有明确句子中的“bird”

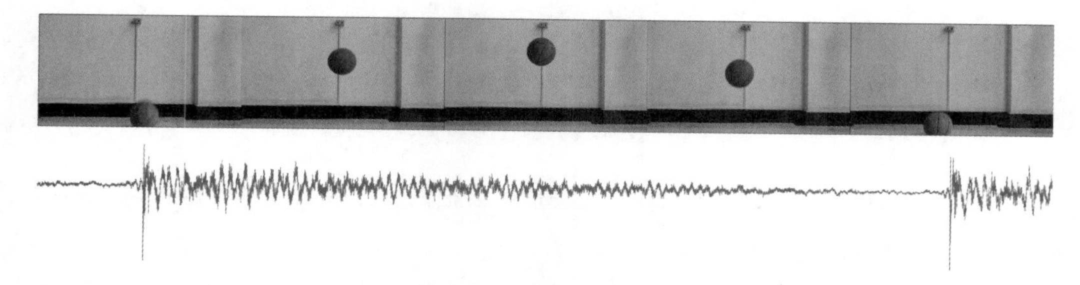

图 9-7　显式对齐的数据

"leaves""bookshelf"是图像中的哪些区域(一个包含该物体的最小外接方框,如图 9-8(a)中的方框,或者画出该物体的轮廓)。从数据标注角度看,只是对于整张图片做了句子层面的标注,没有对句子中每一个单词做标注。因此,这种标注可以看作是弱标注信息。对于这类数据,对齐要困难一些。图 9-8(b)给出的就是一种理想的对齐结果。

(a)　　(b)

图 9-8　不同模态数据的对齐

例 9.1　两条折线对齐。图 9-9(a)中有两条实折线,需要把这两条折线"对齐",也就是将其起始点、转折点和终点做对应,如图中虚线所示。

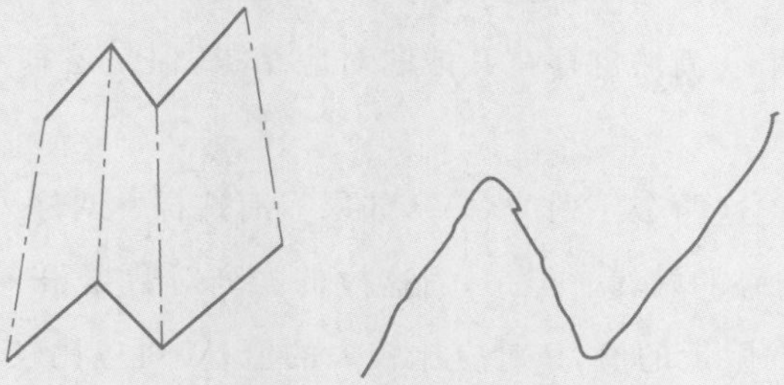

(a)　　(b)

图 9-9　需要对齐的两段折线

两条折线可能是以字符串形式给出，折线 1＝{S，L，P，L，V，L，E}，折线 2＝{S，L，P，L，V，L，E}，其中，S、L、P、V、E 分别表示起始点、直线、峰点、谷点、终点。这时，两条折线的对应就很容易。

在实际中，因为不知道每条线段有多长，所以，会把它划分成很多细小的片段，这时，上面两条折线可能分别为：折线 1＝{S，L，L，L，P，L，L，V，L，L，L，L，E}，折线 2＝{S，L，L，L，L，P，L，L，L，V，L，L，L，L，L，E}，这时要对齐这两个字符串（也就是对齐两条折线）就有一点复杂。图 9-10(a)是这两个序列的对齐结果。

如果折线是手画的，每一小段都可能不是直线，而是曲线，整体也就是一条曲线，如图 9-9(b)所示。如果用弯曲的程度来表示一小段曲线，手画的两条曲线可能是

曲线 1＝{0.01，−0.02，0.01，9，0.01，−0.01，−10，0.01，−0.01，0.02，0.03}

曲线 2＝{0.01，−0.02，0.01，0.02，9.5，0.01，−0.01，0.01，−10，0.01，−0.01，0.02，−0.01，0.03}

图 9-10(b)是这两个序列的对齐结果。可以计算出这种对应下的误差为

$$(0.01-0.01)^2+(-0.02+0.02)^2+(0.01-0.01)^2+(0.01-0.02)^2+(9-9.5)^2+(0.01-0.01)^2+(-0.01+0.01)^2+(-0.01-0.01)^2+(-10+10)^2+(0.01-0.01)^2+(-0.01+0.01)^2+(0.02-0.02)^2+(0.03+0.01)^2+(0.03-0.03)^2=0.2521$$

这是一个误差比较小的对应结果。要对齐这两条曲线就需要复杂一些的算法。

实际上，对于两次手写的同一个数字，就可以看成是两段曲线。有时候，就需要对这样的两条曲线对齐。

如果序列 1 是小线段的弯曲程度的序列表示，序列 2 是对于曲线 1 的符号表示，则

曲线 1＝{0.01，−0.02，0.01，9，0.01，−0.01，−10，0.01，−0.01，0.02，0.03}

描述 1＝{L，L，L，P，L，L，V，L，L，L，L}

这时，曲线 1 和描述 1 的对齐就是多模态数据的对齐了，这就比较困难了。图 9-10(c)是这两个序列的对齐结果。当然也存在其他的对应结果，但是这种对应结果的误差是比较小的。

对于曲线 1 和描述 1 这两个序列的对齐，如果只有这样一对序列，就存在很多种对齐结果，并且不好评判对齐结果的好坏。但是，当这样的序列对数据很多的时候，算法就能够找到这样的对应：L 对应 0 附近的值，P 对应比较大的值，V 对应比较小的值。因为在这种对应情况下，大量的序列对的对应才更合理和一致。

例 9.2 一段语音和一个字符串对齐举例。语音识别任务是将音频转换为对应的文本。由于直接从整段语音中预测所有文本的难度较大，因此，通常会将音频分成若干个长

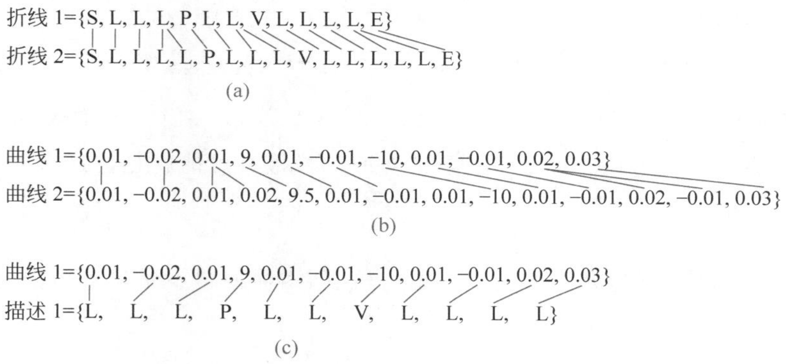

折线 1={S, L, L, L, P, L, L, V, L, L, L, L, E}
折线 2={S, L, L, L, L, P, L, L, L, V, L, L, L, L, L, E}
(a)

曲线 1={0.01, −0.02, 0.01, 9, 0.01, −0.01, −10, 0.01, −0.01, 0.02, 0.03}
曲线 2={0.01, −0.02, 0.01, 0.02, 9.5, 0.01, −0.01, 0.01, −10, 0.01, −0.01, 0.02, −0.01, 0.03}
(b)

曲线 1={0.01, −0.02, 0.01, 9, 0.01, −0.01, −10, 0.01, −0.01, 0.02, 0.03}
描述 1={L, L, L, P, L, L, V, L, L, L, L}
(c)

图 9-10　几个序列的对齐

度相同的语音片段，而模型只需要去预测每个语音片段对应的音素，接下来再将各个音素连起来就能得到最终的文本。例如有一段“cat”的语音，一个训练好的模型会根据各个语音片段的音频输出[“c”,“c”,无声,“a”,无声,“t”,“t”]这样一个序列，最后经过一定的处理就能得到文本“cat”。

但是这个任务的训练数据通常是一段音频以及对应的整段文本，文本中各个音素对应于音频中的哪一段并没有给出，这就需要一种对齐方法来将整段音频的监督信号自动地传递给模型。

考察这样一段音频，它对应于文本“cat”，将其分成 10 个音频片段。下面用“**ε**”代表无声，那么对于这段音频，“ccc**εε**aattt”是一种可能的对应关系(就是在“c”“a”之间有停顿)，“cccc**ε**aa**εε**t”也是一种可能的对应关系(在“c”“a”之间、“a” “t”之间都有停顿，并且“t”很简短)。假如根据算法对于音频的初步识别，知道在每个音频片断上关于音素的预测结果如表 9-1 所示。表中的实数表示该片断是该音素的可能性。

表 9-1　音频片断和音素的对应

片断	1	2	3	4	5	6	7	8	9	10
c	0.8	0.6	0.3	0.6	0.2	0.1	0.1	0.1	0.1	0.1
a	0.0	0.0	0.1	0.1	0.2	0.7	0.7	0.2	0.1	0.1
t	0.0	0.0	0.1	0.0	0.1	0.1	0.1	0.4	0.2	0.7
无声	0.2	0.4	0.5	0.3	0.5	0.1	0.1	0.3	0.6	0.1

那么就可以通过下面的过程来计算“ccc**εε**aattt”“cccc**ε**aa**εε**t”的可能性(对数似然)。这段序列是“ccc**εε**aattt”的可能性为

$$\log(0.8\times0.6\times0.3\times0.3\times0.5\times0.7\times0.7\times0.4\times0.2\times0.7)\approx-3.227$$

是“cccc**ε**aa**εε**t”的可能性为

$$\log(0.8\times0.6\times0.3\times0.6\times0.5\times0.7\times0.7\times0.3\times0.6\times0.7)\approx-2.574$$

可以看到后面一种对应关系的可能性更大，这意味着“ccccɛaaɛɛt”更有可能反映了实际的音频音素对应关系。事实上，列举各种对应关系后可以发现，“ccccɛaaɛɛt”得到的对数似然是其中最大的，因此这段音频中各音素的对应片段最有可能就是像这个对应关系所描述的那样分布的。

在多模态学习中，有的方法采用了注意力机制，因而使得不是显式对齐的数据也在模型训练中实现了数据的自动对齐。

图 9-11 所示就是在图像描述的一个方法中，采用了注意力机制，句子中的词与图像中的物体产生了对齐。图 9-11 最上面两行是两个词“fry”“branch”及其对应的图像块。有意思的是对于句子中的形容词和动词，注意力机制也将词与图像块做了正确的对应。图 9-11 中的最后一行图像显示的是“red”一词对应的区域。我们可能会问“什么是红色?”。和名词不一样，并不存在一个具体的实物叫做“红色”。这个系统呈现的是各种红色的物体，比如说红色的车。第四行显示的是“wooden”对应的一些图片片段。第三行显示的是动词“fly”对应的图像。“什么是飞”，图片显示的是“飞”这一动作的主体(鸟，飞机，人)在“飞”“飞腾”这一动作的状态。在鸟和飞机为主体时，这一动作往往会和天空联系在一起，因此，呈现出来的就是鸟、飞机在天空飞的状态，而不是鸟在树杈，飞机在停机坪的图片。

图 9-11　采用具有注意力机制的模型中文本的注意力对应区域

在多模态学习中，对齐非常关键。对齐质量高就有可能使得很多任务完成得非常好，如语言指导的图像编辑中，希望把图像中人的头发变为灰色的，这时就需要模型能够准确确定头发区域，并改变其颜色。在一些失败的例子中，由于对齐做得不够好，一个人额头上方的头发变为了灰色，但是垂肩的头发还是原来的黑色。

3. 融合

在有些任务中，多模态数据的互补性，可以使得算法能够补全单模态数据的不足的信息。因此，利用多模态数据进行融合就非常必要。如利用音视频进行语音识别时，当语音中有噪声不清楚时，根据视频中的口型可以有助于语音识别得更准确；另外，在语音分离任务中（见计算机听觉章节），利用视频中的口型信息，就能提高语音分离的准确性。这些都是融合两种模态数据的结果。

融合可以发生在两个阶段。一个阶段是将一种模态的数据和另外一种模态的数据，在数据层面和特征提取层面进行融合。扫描二维码可以看到一张可见光彩色图像（左）和深度图像（中）的融合（右）。深度图像中的颜色表示物体距离摄像头的距离。图中的红色表示物体距离摄像头很近，而蓝色表示物体距离摄像头很远。右图是将两者信息融合在一起，成为一张新的图像，其中既有可见光彩色图像信息，又有深度信息（和中间图像相比，距离摄像头同样距离的物体上有纹理存在）。

扫描二维码看融合图像。

融合图像

如果希望融合发生在这一个阶段，就需要数据是能够对齐的。上面图像融合的例子中，深度图像和可见光彩色图像的像素是可以一一对应的。因此，可以在数据层面做融合。

另一个阶段是在两种模态的数据做完预测后，对预测结果进行融合。例如，根据图片和声音对物体做识别，可以在每种模态给出物体类别标号后进行投票，从而给出最后的识别结果。

例 9.3 现在需要识别两个物体，物体 A 是一个带有猫图案的茶杯而物体 B 是一只小猫。利用图片和声音信息给出的类别预测结果如下，其中“茶杯 0.6”表示这张图片是茶杯的可能性是 0.6。

利用图像信息给出的类别预测结果如下：

物体 A：茶杯 0.6、猫 0.4

物体 B：茶杯 0.1、猫 0.9

利用声音信息给出的类别预测结果如下：

物体 A：茶杯 0.9、猫 0.1

物体 B：茶杯 0.1、猫 0.9

通过投票可以得到如下预测结果：

物体 A：茶杯(0.6+0.9)/2=0.75、猫(0.4+0.1)/2=0.25

物体 B：茶杯(0.1+0.1)/2=0.1、猫(0.9+0.9)/2=0.9

融合多种模态的信息，预测结果可以更鲁棒、更可靠。

4. 翻译

有一些多模态任务需要把一种模态数据翻译(或转换)为另一种模态数据。如用语言描述音视频,语言指导图像生成等任务。这里使用的"翻译",利用了自然语言中的机器翻译的含义,希望在方法和思路上利用其共同特性。

这一类任务的一个困难在于翻译后的数据的评价问题。和在自然语言处理与理解章节讨论过的("生成的文本的评价"小节)一样,现在还没有好的自动评价方法。虽然人工评价有很多缺点,但是目前还大多采用人工评价方法。

5. 共同学习

不同模态数据中的知识可以相互影响。这里的知识可以是数据的表示、模型参数等信息。

在视频数据中,图像和声音往往是对齐的。因此,对于新闻播报视频,可以用声音信号作为输入,它对应的图像作为监督信息,训练一个根据语音生成视频的系统;也可以先通过语音识别得到对应的文字,然后把图像作为输入,文字作为输出,训练一个唇语识别系统,即根据口型判断说出的文字。

9.5 多模态大模型

预训练大模型在语言上的进展给人们以启发,多模态大模型开始受到关注和研究。由于大模型的预训练需要大量的数据,在现有条件下,只有语言和图像这两种模态数据可以基本满足大模型对于数据的要求。因此,当前的多模态大模型基本上是关于语言和图像的。有的多模态大模型中涉及了语音,也只是将其做为与人交流的方式。

当前大模型的训练需要消耗大量的资金和人力。一些企业如谷歌、百度、微软、阿里等公司纷纷构建了自己的多模态大模型系统。

对比语言-图像预训练(contrastive language-image pre-training,CLIP)是较早被提出的模型。它采用了图9-4(b)所示的思路,使用图像和对图像的文字描述作为配对数据进行训练。

其他的多模态大模型还有DALL-E、PaLM-E、Gemini等。

9.6 多模态数据让智能系统更好地理解世界

在自然语言处理与理解章节讨论过语言的局限性。语言只承载了人类知识的一部分,因此,只靠语言是不能够达到人类认识世界的水平的。

同样，视觉、听觉、触觉、味觉和嗅觉中的任何一种模态的数据都也只承载了人类知识的一部分，它们之间彼此不能替代。为什么要研究多模态信息处理？研究多模态使智能系统能够更好地理解人类生活的世界。

在语言和图像两种模态的学习中，对齐就意味着为语言中的一个词找到图像中对应的物体。这个过程实际上是把一个语言的概念和物理世界的实物做对应，这被称为“落地”(grounding)。完成了对齐任务，机器人才能够根据语言的指导在现实世界执行任务。

语言在多模态数据中具有特殊地位。虽然各个模态的数据不能被语言替代，但是语言本身包含了大量的信息，因此语言的预训练大模型有助于多模态大模型的训练，有助于弥补其他模态数据的不足。

除了语言、图像、声音外，其他模态的数据还非常少。触觉、味觉、嗅觉等模态的大规模数据的获取依赖于对应的传感器的研究和发展。一种新的模态的大规模数据的获取成为可能意味着可以让智能系统有一个更大的发展。

9.7　进一步学习的内容

多模态的研究成果会根据其成果的侧重点而发表在相应方向的会议和期刊上。如：图像描述方面的文章会发表在计算机视觉，或者自然语言方向的会议和期刊上，这依赖于文章的侧重点是在图像的理解上，还是语言的生成上。另外，其研究成果也会发表在人工智能的会议和期刊上，以及多媒体方向的会议和期刊上。二维码的文本中是多媒体方面有影响力的会议。

进一步学习的内容

- ACM International Conference on Multimedia

下面是多媒体方面很有影响力的杂志。

- *IEEE Transactions on Multimedia*

练习

1. 有两段手写数字曲线，将其划分为长度相同的几小段，其中曲线 A 可以划分为 10 段，曲线 B 可以划分为 8 段。如果用弯曲的程度来刻画每小段曲线，A、B 两段曲线可以分别表示为

曲线 A={0.5,1.4,1.5,0.8,0.9,0.7,0.2,10.0,0.1,0.2}，

曲线 B={0.4,2.5,1.6,0.5,9.4,0.1,0.1,0.2}，

其中，数值越大表示曲线的弯曲程度越高。请给出曲线 A 与曲线 B 每段曲线之间大致的对齐关系。

2. 对于图题2中的两段手写数字2曲线，请在B曲线上大致标出与A曲线上的各点对应的位置。

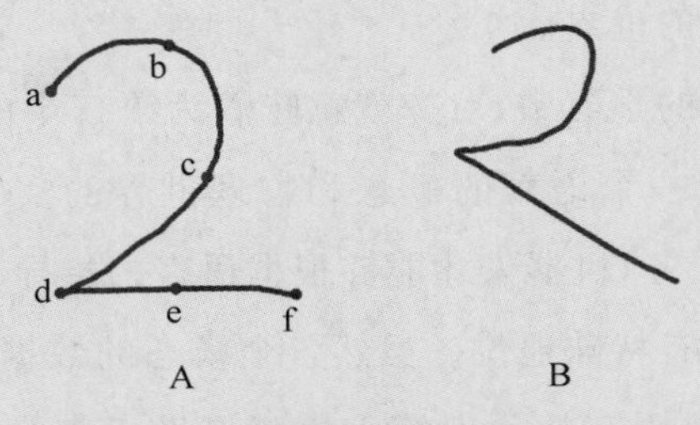

图题2　两个手写的数字2

3. 现有如下两个图案序列，请分析它们的排列顺序并找出这两个序列的对应关系。

甲：◆◆◆▲■■■●●▲◆●●●■

乙：◆◆▲▲■●●▲▲◆●■■■■

4. 如果有下面两个序列需要做对齐，应该如何对齐？

序列1：{A,B,B,A,B,A,B}，序列2：{0,1,1,0,1,0,1}。

5. 如果有下面两个序列需要做对齐，应该如何对齐？

序列1：{A,B,B,A,B,A,B}，序列2：{0,1,1,1,0,1,0,1,1}。

第10章　多智能体系统

在此之前的各个章节，都是在讨论单智能体系统。也就是说，希望有这么一个智能系统，具有很强的能力，能完成一些智能任务。与之不同，本章关注多个智能体之间的交互和关系。

10.1　为什么要研究多智能体系统

人们在现实世界中，形成了组织、社区、城市、国家。每一个人的存在都或多或少要考虑到别人的存在。从人工智能的角度看，多个智能体构成一个多智能体系统。其中，单个智能体(agent)通常具有下面3个特点：

(1) 适应性。当环境发生变化时，能调整自己的行为。

(2) 自主性。能自己主动感知和决策。

(3) 交互性。能和其他智能体交互。

研究人员关心多个智能体构成的系统中，每个智能体应该和其他智能体存在什么关系，从而能够具有什么功能、或者完成什么任务。

现实生活中，除了每一个人可以看成是一个智能体，一个组织也可以看成是一个智能体。例如，在超市购物，可以看成是超市、商品提供方和购买方这三个智能体之间的交互。在这个过程中，超市希望商品提供方能够提供价廉物美的商品，希望购买方能够从超市购买商品，从而获得利润；商品提供方希望超市提供好的环境和服务，收取少的费用，以保障自己的收益；购买方希望超市能够提供价廉物美的商品，以及好的环境和服务。因此，这三者之间就需要一些交互以满足三方的需求。人们使用一个软件打车系统，可以看成是软件系统公司(如滴滴、Uber)、出租车司机、乘车人三个智能体之间的交互。与之类似，也可以把工业生产，经济系统的运行，人们在医院就医看成是智能体之间的交互。

多智能体系统具有下面这些优点：

(1) 并行性(parallelism)。

并行性是多智能体系统一个天然的优点。如果一个智能体完成一个任务需要100个小时，而这个任务如果可以并行的完成，那么让100个智能体同时做，就可能在1个小时多一些的时间内完成（多智能体之间的交互需要花费一些时间）。在有些任务中，当执行任务的时间是一个特别重要的因素的时候，就需要考虑并行性。例如，在送快递这个任务中，如果一个人在北京市范围内送一批快递需要10000天，那么请10000个人分区并行送货，就可能在一天，或者几天内完成这批快递的配送。

（2）鲁棒性（robustness）。

鲁棒性就是指这个系统不怕偶尔的出错。一个单智能体系统一旦出了问题（如停电、系统宕机），这时，整个系统就要停下来。这也许会带来很大的麻烦和损失。但是如果采用多智能体系统，当个别智能体出现故障时，可以让其他智能体来代替工作，所以系统整体容错性比较好。例如，在送快递这个任务中，如果一个人请假，那么就可以请其他快递员临时接手请假人的任务，而不至于对整个快递系统产生太大的影响。

（3）可扩展性（scalability）。

在完成实际任务的时候，任务量可能不是一成不变的。这时，可以根据每次或者每天的任务量调整需要完成这些任务的智能体数量，所以系统的可扩展性好，特别是要对于突然出现的很大的任务量的应急情况，也能够通过临时增加大量智能体来完成任务。例如，在送快递这个任务中，在一些特殊的时期，如节假日前后，快递量急剧上升。这时，临时聘请更多的人来送快递是解决快递积压的一个备选方法。如果是由无人系统来送快递，快递量的激增问题就更容易解决。

（4）更简单的编程（simpler programming）。

在有些情况下，多智能体系统虽然能完成很复杂的任务，但是对单个智能体的编程或者控制会相对比较简单些。而相比之下，如果要单个智能体完成这样复杂的任务，编程可能会非常复杂。

10.2 群体智能

群体智能（swarm intelligence）是多智能体方面比较早期的研究工作。研究人员关心的问题是，一些复杂现象背后的生成机理是否是比较简单的。因此，人们研究一些智能体如果只是通过一些简单的交互，会发生什么现象。

1. 举例：生命游戏

生命系统中个体的自我繁殖特性是很多研究人员关心的事情。研究人员想通过这个游戏知道,如果不考虑蛋白质这一因素,一个系统中个体的自我繁殖是否可以通过一些简单的规则来实现。

为了研究方便,生命游戏(Conway's Game of Life)假设生命系统发生在一个二维正方形中的网格上。该正方形的左右边界是相连的(越过左边界就到了正方形右侧网格中)。上下边界也是相连的。每个网格代表一个位置,位置为1表示这里有一个生命体,位置为0表示这里没有生命体。生命游戏中的几种形态如图10-1所示,其中白色空格表示该位置为0,其他情况该位置为1。

规则1:对于状态为0的网格位置,如果它的8-邻域(该位置的上、下、左、右、左上、左下、右上、右下8个位置)中有三个位置有生命体,则该位置下一个时刻产生一个生命体;否则,该位置继续保持空闲状态0。

规则2:对于状态为1的网格位置,如果它的8-邻域中有两个或者三个位置有生命体,那么该位置在下一时刻继续为1;否则,该位置变为空闲状态0。

按照上面的两条规则,图10-1上面一排的三种形态在下一个时刻就会变为下面一排对应的形态。这里可以注意到,上面一排右侧的形态没有发生变化。

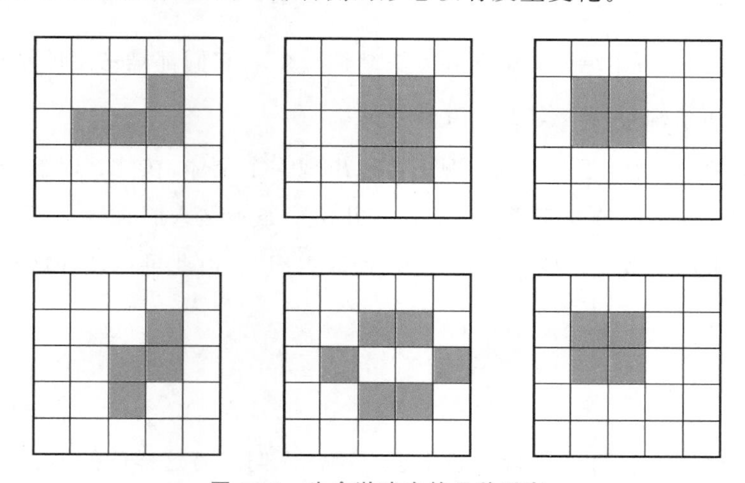

图10-1 生命游戏中的几种形态

规则1可以直观地解释为:如果一个位置空闲,其周围(8-邻域)有生命体且不太拥挤,那么这个位置就可以产生一个生命体。否则就不能产生生命体。

规则2可以直观地解释为:如果一个位置有生命体,其周围(8-邻域)有生命体且不太拥挤,那么这个位置的生命体继续生存。否则该位置的生命体就死亡。

这两条规则直观地刻画了群居生命系统的特性:周围要有别的生命体存在,不能太孤单,也不能太拥挤(否则不能提供保障生命体生存的资源)。

给定网格上的一个初始形态,这个系统开始不断演化,出现一些有趣的现象。可以扫描二维码找到视频片段的链接。

生命系统视频

生命游戏中的图形如图10-2所示。在这个游戏中，有时候会发现出现这样的图形( )，该图形会在空间移动，叫做滑翔机(glider)。有意思的是，如果两个滑翔机相遇，二者都会消失。

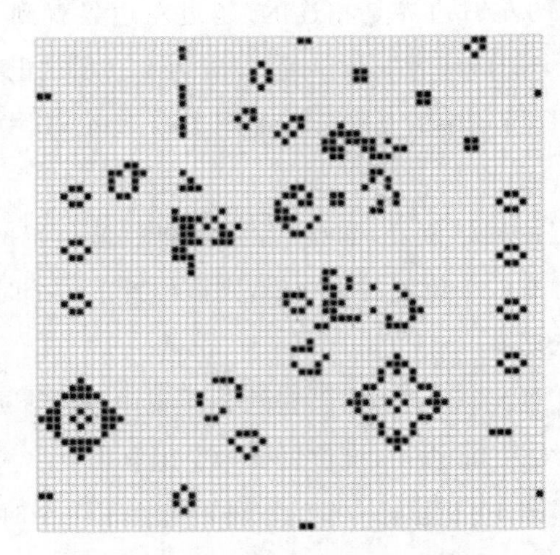

图 10-2 生命游戏中的几种图形

另外，还有这样的一个结构( )和方块结构( )，它们都是稳定的结构。方块结构( )保持不变，而结构 和 是相互转换的。

在这个游戏中，只规定了在什么情况下可以出现一个个体，在什么时候个体就要消失，结果就出现这样一些不同的几何形态。而这些几何形态不是人们直接定义和设计出来的。这些不同的形态可以看成是一些个体构成的"社区组织"。由此可见，"社区组织"是自然出现的。

2. 举例：Boid

研究人员曾经对于鸟群的飞行形态很感兴趣。人们会有这样的问题：是谁在设计、引导、控制了这些鸟的行为，使得出现了鸟群飞行时的形态？但是直观经验告诉我们，不太可能有一只特殊的鸟带领着其他鸟飞行，因为看不出哪只鸟比其他鸟更特殊。除了鸟群，鱼群、马群、牛群的整体快速运动的形态也是这样。

对此问题的研究思路是：虽然不知道鸟群飞行的机理，但是如果能够实现一个具有这样整体运动形态的人工系统，这个人工系统的工作机制可能就是鸟这样的生命个体的飞行机制，或者启发人们该人工系统的工作机制可以产生这样的行为。这是和图灵测试一样的思想：从功能上模拟一个系统。

人们设计了这样一个系统，简称Boid(bird-oid object，类鸟物)，这个系统由分布在三维空间里的一些个体组成，每个个体的运动行为遵循三条规则，如图10-3所示。

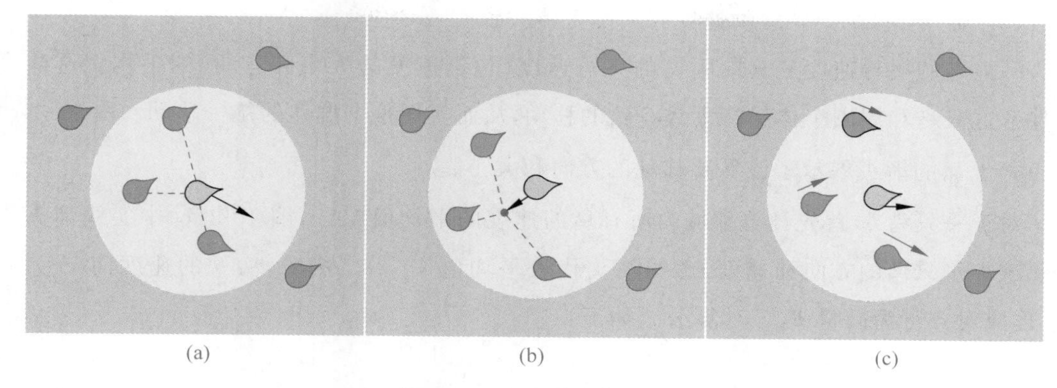

图 10-3　Boid 的三条规则

(1) 分离：每个个体不能距离周围个体太近。

图 10-3(a)是一个二维场景。图中每一个图形( )都代表一只鸟。图 10-3(a)给出了几只鸟的位置和飞行方向(图形尖端所指方向)。分离规则是要避免这只鸟和周围鸟发生碰撞。

从计算上看，对于每一只鸟 b，需要考虑它周围的一个邻域内的每一只鸟 $b_i(i=1,2,\cdots,n)$，假设邻域内有 n 只鸟。由此得到一个运动向量 $\boldsymbol{s}_i$，$\boldsymbol{s}_i$ 是 $b-b_i$ 的方向，大小与两只鸟的距离成反比(两只鸟相对越近，就需要朝相反方向移动越多)。最终，所有的 $\boldsymbol{s}_i$ 决定了 b 的下一时刻的分离行为向量 $\boldsymbol{F}_{\mathrm{s}}$。图 10-3(a)中( )上面的箭头展示了该鸟要移动的方向和大小。

上述过程用公式表示如下：

$$\boldsymbol{F}_{\mathrm{s}}=\frac{1}{n}\sum_{i=1}^{n}\boldsymbol{s}_i=\frac{1}{n}\sum_{i=1}^{n}\left(\frac{b-b_i}{\|b-b_i\|^2}\right)$$

注意，为了避免除零错误，当 $b=b_i$ 时，通常假设 $v_i=0$。另外，实际上在计算中通常会对这个移动向量做一些归一化或者限制其最大值，以防止过大的位移。

图中每个图形代表一个个体的位置和飞行方向。

(2) 群聚：每个个体不能距离周围个体太远。

群聚规则是要避免鸟离群索居。所以，当一只鸟和周围鸟太远的时候，就要向周围鸟靠拢。计算中，这只鸟要向着周围鸟的重心移动。图 10-3(b)中( )上面的箭头展示了该鸟要移动的方向和大小。

下面对这一过程详细描述。对于一只鸟 b 及其邻域内的 n 只鸟 $b_i(i=1,2,\cdots,n)$，计算邻域内鸟的重心位置 P_{c}。重心位置和该鸟的位置差决定了群聚行为向量 $\boldsymbol{F}_{\mathrm{c}}$ 的方向和大小。计算公式如下：

$$\boldsymbol{F}_{\mathrm{c}}=P_{\mathrm{c}}-b=\frac{1}{n}\sum_{i=1}^{n}(b_i-b)$$

(3) 对齐：每个个体移动速度和周围个体一致。

一只鸟的飞行速度是其周围鸟的飞行速度(包括速度的大小和方向)的平均。这样可以保证这只鸟和周围个体保持大致一致的移动,从而实现整个群体的统一移动。图 10-3(c)中(●)上面的箭头展示了该鸟要移动的方向和大小。

对于一只鸟 b,首先计算邻域内所有鸟的速度的平均值 V_{avg}(图 10-3(c)中实线箭头代表邻域中每只鸟的方向和速度,虚线箭头代表平均值 V_{avg})。然后,鸟 b 的速度向 V_{avg} 靠近,形成对齐行为向量 $\boldsymbol{F}_{\text{a}}$。计算公式如下：

$$\boldsymbol{F}_{\text{a}} = V_{\text{avg}} - V_b = \frac{1}{n}\sum_{i=1}^{n}(V_i - V_b)$$

式中,V_i、V_b 分别表示第 i 只鸟、鸟 b 的速度。

最终,对上述三条规则的行为向量加权,可以得到飞行中每只鸟的运动行为。在实际应用中,往往对上述行为向量先进行归一化再加权,用公式表示为 $\overline{\boldsymbol{F}} = \boldsymbol{F}/\|\boldsymbol{F}\|$。

$$\boldsymbol{F} = \boldsymbol{w}_1 \cdot \overline{\boldsymbol{F}}_{\text{s}} + \boldsymbol{w}_2 \cdot \overline{\boldsymbol{F}}_{\text{c}} + \boldsymbol{w}_3 \cdot \overline{\boldsymbol{F}}_{\text{a}}$$

上述三条规则里还涉及了一只鸟周围的邻域。这个邻域可以看成是这只鸟的视野范围,如图 10-4 所示。视野范围包括了距离和角度。对于鱼群,清澈的水可以让鱼的视野范围更大,反之视野范围就比较小。这样,不同的参数可以适应不同的情况。

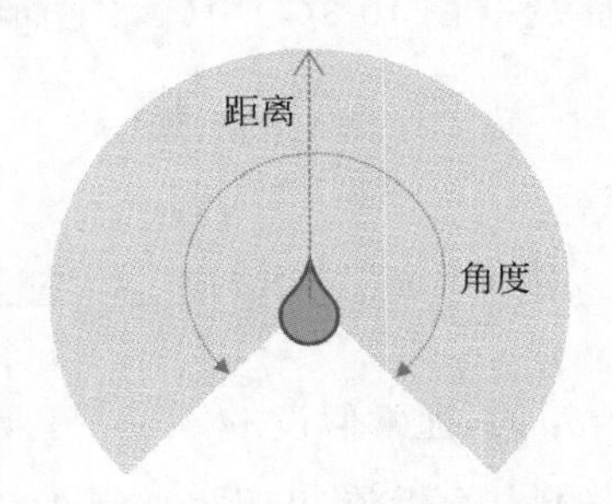

图 10-4　Boid 中个体的视野范围

Boid 视频

给定空间上的一个初始形态,这个系统开始根据上述规则不断演化。

扫描二维码,可以得到一些演示程序运行视频的链接。

和生命游戏类似,在这个例子中,只规定了个体在什么情况下如何移动,结果就出现了一些不同的整体形态,而这些整体形态不是人们直接定义和设计出来的。

这两个例子又一次告诉我们,客观世界那些复杂的现象,也许就是它们背后简单的规则导致的。

上面给出的是众多群体智能研究中的两个例子,文献中还有更多的相关研究。

在这些研究中,研究者发现,一群个体之间简单的交互可以导致一些整体上的新的现象出现，而这些整体上的新的现象不是根据这些个体交互后“直接”预测到的。人们称这种现象为“涌现”(emergence)。

在科学研究中，有一个重要的研究范式就是“还原论”。例如，人们研究物质世界的时候，就会把物质分解成分子，分子又会分解成原子……希望了解和认识了基本粒子，就对于物质世界整体了解了。

但是群体智能的研究告诉我们，还原论可能在一些情况下存在局限。上面的两个举例就说明，即使人们了解了单独的个体，也知道了它们之间的交互，但仍然无法预料整体的状态。因此，仅仅靠还原论不足以让人们去认识和了解客观世界。

早期的这些工作引发了被称为人工生命(artificial life)的研究。

当人们说起生命的时候，就会想到蛋白质、细胞、活的个体。但是一个生命体还具有很多特性，脱离了蛋白质也可以对其研究。例如，个体的繁殖、自组织特性、演化特性等。人们尝试脱离碳和蛋白质的存在而去研究它的机制和规律。在前面例子之后的二十多年时间里，人工生命的研究内容得到了很大的丰富和扩展。

10.3　合作的智能体

多个智能体通过合作可以完成一些复杂的任务。

举例：蚁群系统

人们在观察蚂蚁的时候，发现蚂蚁找到远离蚂蚁窝的食物后，会走出一条从蚂蚁窝到食物所在地的一条最短路径。人们好奇蚂蚁是如何做到这一点的。

研究发现：蚂蚁在行进过程中，一直在向周围散发一种气味，称为“信息素”。这使蚂蚁留下了行走的痕迹。这些“信息素”对于后续蚂蚁的行走具有引路的作用。当一只蚂蚁行走到一个位置后，它会朝着“信息素”浓度高的方向行走。这样当很多蚂蚁走过以后，就会留下一条最短路径。

图 10-5 图示了上述发现。当蚂蚁已经找到一条从蚂蚁窝到食物所在地的路径后(图 10-5(a))，人们在路径上设置了一个障碍物。这时，蚂蚁遇到障碍物只好向两侧行走。因为两侧还没有蚂蚁走过，第一只蚂蚁会随机地(以概率 0.5)选择左、或右的方向行走。后续的几只蚂蚁也都会这样走，如图 10-5(b)所示。由于左侧的路程更长，右侧路程更短，因此当走过一些蚂蚁后，右侧路径上留下的“信息素”就更浓。这导致后续的蚂蚁会更多地朝着右侧路径走。逐渐地，走右侧路径的蚂蚁越来越多，这条路径“信息素”浓度越来越大，最终蚂蚁都会沿着这条最短路径行走，如图 10-5(c) 所示。

寻找最短路径是在工程研究中常常遇到的一个需求。人们根据上述原理设计了蚁群

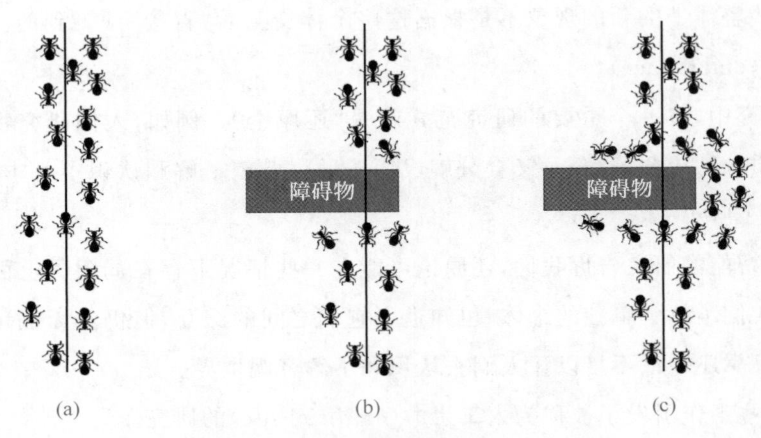

图 10-5　蚁群系统原理

系统(ant system 或 ant colony system),去求解实际应用中寻找最短路径的问题。

实际上,很多优化问题都可以转化成一个最短路径问题,因此蚁群系统也被用于更广泛的领域,解决更多的实际问题。

蚁群系统是受自然界启发设计的优化算法。类似的算法还有一些,如遗传算法、果蝇算法等。这类方法被称作是智能优化算法(intelligence optimization algorithms)。

蚁群系统是多智能体合作的一个例子。多智能体如何通过合作能够解决实际中存在的问题,是多智能体研究中的一项重要内容。

10.4　非合作的智能体

非合作的智能体系统是在现实中存在的一种情形。例如,下围棋就是下棋双方之间的对抗;足球比赛就是两组智能体之间的对抗。因此,需要研究在一个多智能体系统中,非合作智能体之间的行为和策略。

囚徒困境(prisoner's dilemma)研究这样一个问题:有两个同案犯 Ben(小笨)和 Alan(小懒),被分开审讯。他们每一个人都有两种选择:认罪和沉默。这样总共有四种可能:{沉默,沉默},{认罪,沉默},{沉默,认罪},{认罪,认罪}。对于不同的情况给他们的惩罚是不一样的。如图 10-6 所示,在四种情况下对他们的惩罚如下:

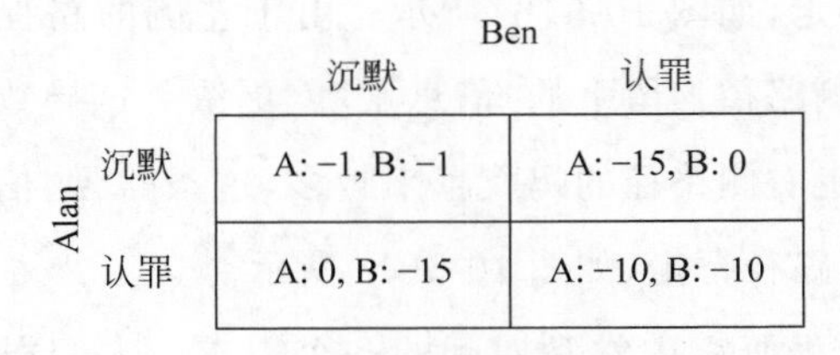

Alan \ Ben	沉默	认罪
沉默	A: −1, B: −1	A: −15, B: 0
认罪	A: 0, B: −15	A: −10, B: −10

图 10-6　囚徒困境

如果两人都沉默，各罚1分；如果B认罪，A沉默，这时就要奖励B，所以不惩罚B，对A惩罚15分；对称地看，如果A认罪，B沉默，和刚才的情况类似；如果二者都认罪，各罚10分。

在上述情况下，对于两个案犯来说，同时沉默是一个最优的结果。

但实际上，对于小懒来说，不管小笨是沉默（第一列）还是认罪（第二列），小懒认罪都是最好的结果；对于小笨来说，也是一样，不管小懒是沉默（第一行）还是认罪（第二行），小笨认罪都是最好的结果。所以，二者都认罪是更为可能的结果。

当然，这俩案犯彼此之间没有足够的信任也是导致这个结果出现的一个原因。而彼此之间足够的信任是一个太强的假设，在实际中很难满足。在这个问题中，双方都是有理性的人，但同时又是利己的，即"理性的经济人"。在双方彼此不沟通的情况下就会出现这样一个结果。这个结果也说明，在一些情况下，"从利己目的出发，结果是损人不利己，既不利己也不利他。"

上述囚徒困境的结果被称作是纳什均衡（Nash equilibrium）。现实生活中，广告竞争就是囚徒困境在商业活动中的一个表现。

囚徒困境是博弈论（game theory）研究中的一个代表性的例子。在博弈论中，人们研究两方，或多方参与者（players）以怎样的策略采取行动，获得怎样的收益（payoff）（或被称作是奖励）。收益可以是正或负。在囚徒困境中，参与者就是囚徒，他们是理智的智能体。他们会采取一定策略选择认罪或沉默。获得的收益就是他们得到的惩罚。

博弈论是在多智能体系统研究中常常使用的理论和方法。在现实生活中，有很多非合作的智能体系统的例子，如本章开始讨论的人们在利用打车系统时打车系统平台公司、出租司机、乘车人构成的多智能体系统；超市、商品提供商、商品购买者构成的多智能体系统。这些系统都是非合作智能体系统的例子。

约翰·纳什（John Nash，1928年6月13日—2015年5月23日）

著名数学家和经济学家。博弈论是其主要研究内容之一。他与另外两位数学家在非合作博弈方面的开创性的贡献，对博弈论和经济学产生了很大影响，因而获得1994年诺贝尔经济学奖。他也是电影《美丽心灵》男主角原型。

10.5　多智能体学习

实际应用中，会有诸多因素导致要解决的问题很复杂。下面列举其中的几个因素。

1. 合作与竞争

实际中，个体之间往往同时具有合作和非合作的因素，如人们开车时，各个司机之间可能争抢路权，同时也有谦让。在研究这类问题时，一味地谦让或者一味地竞争都不能很好地解决问题。例如，在无人驾驶系统中，如果多辆车同时接近并且要通过一个狭窄的路口，这就需要车辆之间既有谦让（避免碰撞），也有竞争（先过路口）。又例如，在多智能体协作完成任务时，每个智能体需要在优化自身任务效率（竞争）与提高整体效率（合作）之间做出权衡。

2. 同质与异质

实际问题中的智能体不一定是同种类型（同质）的智能体。例如，在自动送货系统中，有的智能体可以配送大批量的货物（如大货车），而有的智能体只能配送少量轻便的货物（如轻便的电动车）。这两种智能体在速度、负载、花费等方面性能都有所不同。这时，一个智能体上的经验、数据、策略不能直接复制应用于异质的其他智能体上。

3. 局部感知与全局感知

一般来说，不同类型的智能体的感知范围会不同。例如，无人机对环境的感知范围和无人车的感知范围会有比较大的差异；在自动驾驶系统中，每辆车只能感知到自身周围的情况（局部感知），而交通管理中心则可以获取整个城市的交通状况（全局感知）。局部感知与全局感知的区别将对智能体的决策产生重大影响。

4. 智能体之间存在交流与不存在交流

一般来说，合作智能体之间会存在信息交流，而非合作的智能体之间往往不存在信息交流，或交流很少。例如，在足球比赛中，同队的球员之间会有交流，而不同队球员之间不会有主动的可信的信息传递；在无人驾驶汽车系统中，同一公司的无人车彼此会有信息交流，而不同公司的无人车信息交流会比较少。

5. 资源冲突

多智能体系统中常常存在资源冲突的问题，即多个智能体同时对同一资源产生需求。在无人驾驶系统中，就存在多个智能体需要同时使用同一条道路的冲突，这里的道路是资源；在无人仓储系统中，多个无人叉车可能需要使用同一货架，这时货架则是资源。这种资源冲突往往需要智能体之间进行合理的调度和协作。

由于实际中存在上述复杂因素，导致多智能体系统任务的解决面临很多困难。在实际中，系统可能会随着时间演化，因此需要考虑系统的动态特性，有时需要从演化计算（evolutionary computation）的角度研究问题；系统中多个智能体之间可能会因为简单的交互作用而产生涌现现象；各个智能体之间也可能会有利益的冲突，因而需要考虑智能体之间的博弈，而在不同策略下，博弈的奖惩也不是可以人为确定的。

相比之下，关于单智能体学习的理论工作更多，而关于多智能体学习的理论工作少一些。多智能体系统有其特殊性，而指导人们设计多智能体系统的理论还是比较缺乏的。

在当前的多智能体系统的研究中，多智能体学习占据了重要地位。在多智能体的学习中，会有如下几个方面的问题需要研究。

（1）涌现现象。

涌现现象是指从相互作用的基本部分的组合中出现的新特性或行为。在多智能体系统中，研究人员关心当系统确定了以后，系统会有什么涌现现象出现。一个典型的例子是Boid系统。每一个个体只根据它周围的其他个体而做出响应。但是当这个系统中的所有个体都遵从这些基本规则，则会形成一个清晰有序的移动模式。这是一种从局部到全局的转化，是涌现现象的体现。研究多智能体系统，通常会关心涌现现象。当然，这并不涉及多智能体系统的学习问题。

（2）学习通信。

对于合作智能体系统，每一个智能体感知的信息可能是局部的。这时，如何进行信息交流和通信，从而更好地完成任务？对于非合作智能体系统，如何发布信息以达到己方的目标？

例如，在协同无人机系统中，一组无人机需要一起执行搜索或监控行动。在这种情况下，每架无人机的视角和得到的信息都是有限的。为了有效地执行任务，它们需要共享它们的位置、检测到的目标和其他重要信息。这里，学习通信指的是无人机通过学习确定什么时候发送哪些信息，并从其他无人机接收到的信息中学习，以改进其行为和执行任务的效率。

（3）学习合作。

多个智能体合作有可能把任务完成得更好。这也可以通过学习的方法来发现和实现。智能体可以单独完成一项任务，也可以和其他智能体合作完成一项任务，这些构成了它的搜索空间。通过学习可以发现，合作可能是更好的策略；智能体也可以改善它们的协同策略。例如，在巡逻任务中，可以学习分配搜索区域，决定何时需要相互支持等。

（4）环境不确定性。

在实际应用中，环境往往具有不确定性，这给智能体的决策带来了挑战。例如，在无人驾驶情形中，交通情况可能会快速变化：行人、骑车人、其他车辆的行为具有不确定性，这些使得驾驶环境具有不确定性。无人驾驶车辆需要能够理解和处理这些不确定性，以做出安全和有效的决策。

(5) 对其他智能体建模。

下面以非合作智能体系统为例讨论这个问题。在无人驾驶系统中,一辆智能车在行驶中,需要考虑周围其他车辆的存在,以及下一步它们的状态。这就需要对对方下一时刻的行动(加速、减速、左拐、右拐等)做预测,避免可能的碰撞。因此,对其他智能体建模,根据模型预测和估计它们的行为非常重要。

在有些应用中,合作的智能体之间的通信也可能会受到限制。例如,在无人驾驶系统中,无线通信受到强干扰时,以及无法实现无线通信时,对其他智能体的建模就是非常必要的。

10.6 多智能体学习的困难

多智能体学习的目的就是希望每一个个体能够学习出自己的最优行动策略,也就是在什么情况下应该采取什么行动。但由于下面的这些因素,导致多智能体的学习变得很难。

1. 其他智能体的存在

多个智能体的存在使得问题变得复杂。对于多智能体系统来说,每一个智能体在学习的时候,可以把其他智能体看作是环境,这样就变为一个单智能体的学习问题了。

的确,这是一个思路。但如果这样的话,这个环境就可能不断在变,而且其他智能体数量越大,环境的变化因素越大,这就导致在学习时,其搜索空间特别大。这时,需要的数据在搜索空间分布广,并且量多。这对于实际问题的解决提出了一个非常高的要求。例如,在无人驾驶问题中,如果把别的车的状态作为环境,那么就需要获取别的车在不同的位置、不同的速度、不同的决策(如加速、拐弯)等情况下的数据。而这些数据是很难获得的。

2. 不完备信息

在非合作多智能体系统中,每一方得到的信息往往是不完整的。例如,在打扑克这个问题中,对于一个智能体,其他选手手里是什么牌,它并不知道;在无人驾驶问题中,一辆车并不知道其他车辆的准确速度和意图,而只能通过观察(图像、激光雷达等数据)来估计;在机器人足球比赛中,自己一方的机器人甚至不知道对方机器人的能力(如行走速度、踢球的远近等)。

不完备信息下的学习和决策,是人工智能中的一个困难的课题。由于信息不完备,就需要系统能够处理不确定性,需要系统具有预测和推理的能力。这增加了学习和决策的复杂性。这一困难不只是发生在多智能体学习中。在单智能体学习时,由于对环境的了解不够(信息不完全),如何做决策也有类似的困难。

3. 很大的状态空间

在多智能体环境中,每个智能体的行为都可能会影响整个系统的状态。因此,系统的总状态空间可能是每个智能体状态空间的组合,这使得状态空间变得非常庞大。例如,在一个多机器人环境中,每个机器人的位置和速度都会影响到整体环境的状态。如果有 n 个机器人,每个机器人有 m 个可能的状态,那么整体环境的状态空间的大小就是 m^n。这使得搜索和学习变得非常困难,因为需要处理的状态数量是巨大的。

4. 信用分配

在机器学习章节中已经讨论过再励学习中信用分配问题。通俗来说,做一件事最后得到一个奖赏(事情成功奖赏为正,事情失败奖赏为负),而做这件事需要执行一系列的动作,信用分配就是需要研究其中哪些动作在其中起了什么作用。

在多智能体系统中,奖励分配就更为困难,因为一个具体任务是很多智能体合在一起完成的,如何确定其中某个智能体的贡献?

在人类社会活动中,这也常常是一个有难度的问题。例如,在一个足球队中,每个队员的表现都可能会影响到比赛的结果。如果一个球队赢了一场比赛,假如不看中间过程,只根据是否进球,应该如何评判每个队员的作用?

5. 合作和竞争设置

一个系统中的多智能体之间可以是合作的,也可以是不合作的。如果系统的个体是竞争的,每个智能体可能会最大化自己的收益而不考虑其他智能体。反之,如果系统的个体是合作的,智能体可能会寻求最大化整个团队的收益。

6. 奖赏设定

在再励学习中,如何能更有效地学习是一个重要问题。稀疏的奖赏是再励学习中非常棘手的问题。种西瓜时,经过几个月不断的浇水、施肥、除草,终于结了一个瓜。如果只用最后是否收获了西瓜来分析其中各个环节的重要性,这就很难。如果在每次浇水、施肥、除草后,及时评判西瓜长势,给出阶段性的奖赏,对于快速学会种西瓜是很有帮助的。此外,每次奖赏100还是1对于学习效果也很重要。

对于多智能体系统,奖赏设置会影响智能体之间的合作状况。在现实生活中,一种奖赏分配可能会鼓励团队成员更多合作,而另一种奖赏分配可能会导致成员之间的不合作。

对于一个个体而言,如果合作之后获得的奖赏大于不合作获得的奖赏,这个个体会倾向于合作。

在人工智能系统中,过高奖赏单个智能体的某些行为,可能会导致各个智能体之间的不合作;而有些问题中,不奖励单个智能体的行为,可能会导致一个简单任务也要多个智能体一起完成,这样就浪费了资源。如何设定一个平衡的奖励函数,既能激励智能体进行合作,又能激励智能体提高自我能力,是一个具有挑战性的问题。

在解决实际问题时,如果最终的学习目标已经确定,也可以让算法学习不同阶段的奖赏函数,从而得到更好的学习结果和学习效率。

10.7 人类社会的启发

多智能体系统与我们人类社会密切相关。研究人类社会的形成、组织、行为,可能会给多智能体系统的研究带来一些启发。

在人类社会中存在大量的合作和竞争。例如,体育比赛中的团体项目;商业领域企业之间的合作与竞争;一项大型工程中各方的合作。有些情况对于研究多智能体系统比较有启发。例如,人类在科学研究上的合作特别多,这不仅仅体现在一篇论文往往是多个作者合作共同完成的,甚至于有些问题的解决,需要经过几代人的努力才能完成。很多情况下,一个研究人员对一个问题的理解受到别人的影响,而别人的数据、论据、方法也会构成这个人的解释。

此外,人类社会从开始的个体,逐渐发展成为部落、社区、村、镇等多级结构。社会科学家对此有过很多研究成果。这样的结构有什么优缺点?在多智能体系统中如何形成这样的多级结构,并利用其优点更好地完成任务,从而为人类服务?

10.8 进一步学习的内容

博弈论是一个专门的研究方向,有相关的书籍、课程。博弈论方面的文章可以在下面的会议文集中找到。

- *International Symposium on Algorithmic Game Theory*

智能优化是一个专门的研究方向,有相关的书籍、课程。一些智能优化方面的文章可以在下面的杂志和会议文集中找到。

- *IEEE Transactions on Evolutionary Computation*
- *IEEE International Conference on Evolutionary Computation*

人工生命是一个专门的研究方向。下面是这个方向的一本杂志。

- *Artificial Life*

多智能体系统方面的文章可以在下面的会议文集中找到。

- *International Joint Conference on Autonomous Agents and Multi-agent Systems* (*AAMAS*)

扫描二维码,还可以看到和多智能体相关的资料列表。

练习

1. 假设你是一个大型仓库的经理,你刚刚引进了一套基于多智能体系统的自动化仓储系统,该系统包含了多个自动叉车。假设你有一个重要的订单需要尽快完成,你需要在短时间内将一批货物从仓库运送到装货区。

(1) 如果要尽快完成这个订单,该怎么办?

(2) 如果有一个自动叉车可能需要维修,该怎么办?

(3) 如果订单突然增加了,同时又希望及时完成订单,该怎么办?

2. 在生命游戏部分介绍了一种结构叫滑翔机,它可以在空间移动。下面介绍另一种移动结构“轻型飞船”。在一些复杂的“生命游戏”演化过程中,轻型飞船常常作为“导火索”或者“信使”,用来在空间中传递信息。在 7×7 网格中初始结构如图题 2,请根据生命游戏规则,回答以下问题:

(1) 在执行第二次迭代后,原始结构将变为什么样子?

(2) 在执行第四次迭代后,原始结构会变成什么样子?

(3) 观察上述四次迭代,你会发现什么现象?由此请归纳轻型飞船的性质。

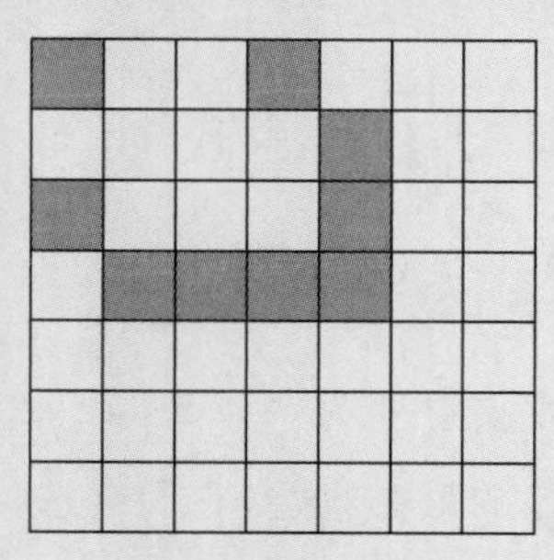

图题 2　生命游戏

3. 假设在一个 Boid 模型中,有如下四只鸟,已知它们的位置和速度:

鸟 A:位置(10,10),速度(2,2)

鸟 B:位置(13,14),速度(3,2)

鸟 C：位置(11,11)，速度(2,3)

鸟 D：位置(9,9)，速度(2,1)

已知 B、C、D 均位于鸟 A 的邻域内，现在要计算鸟 A 在下一时刻的运动行为向量。假设分离、群聚和对齐三个规则的权重分别为 1、0.1 和 0.5。请计算出鸟 A 在下一时刻的运动行为向量。

4. 本章介绍了蚁群系统。此外，还有许多其他的受自然启发的优化算法。以下是几个例子：蜂群优化算法(受蜜蜂寻找花蜜源的行为模式的启发)；果蝇优化算法(受果蝇寻找气味源的行为的启发)；鸽子寻家算法(受鸽子找到家的路径的行为的启发)；鲸鱼优化算法(受鲸鱼捕食行为的启发)。请你查找资料，学习这些算法，并针对这四种算法各自找出一个适用的实际问题，描述一下这些算法在这些问题中的应用，解释这些算法是如何找到最优解的。

5. 现实生活中有很多类似囚徒困境的情况，广告竞争就是一个。有两家公司 A 和 B。如果两家公司都不投放广告，它们的利润将保持稳定；如果 A 投放广告而 B 不投放，A 将获得较大的市场份额从而增加利润，而 B 将失去市场份额从而减少利润；反之亦然；如果两家公司都投放广告，最终引投放广告增加了成本从而减少了利润。用收益矩阵表示这一过程如图题 5 所示：

B \ A	投放	不投放
投放	A: 40, B: 40	A: 30, B: 70
不投放	A: 70, B: 30	A: 50, B: 50

图题 5　收益矩阵表

(1) 如果公司 A 和公司 B 都是理性的，并且试图最大化自己的利润，它们应该选择什么策略？为什么？

(2) 这个问题中的纳什均衡是什么？

(3) 如果 A、B 都投放广告的收益变为 A：25，B：25，此时是否还满足纳什均衡条件？如果 A、B 希望最大化其可能的最小收益，它们会选择什么策略？这一策略是否满足纳什均衡条件？

6. 考虑下面这个简单的无人驾驶系统模型。在一个有两条道路交汇的十字路口，每个方向都有一辆等待通行的无人驾驶车辆，且每辆车都希望尽快通过路口。请回答以下问题：

(1) 假设这四辆车均为同质的智能体，即具有相同的速度极限和加速度，各车辆应如何安排通行次序以保证所有车辆能够尽快且安全地通过路口？解释你的策略设计过程。

（2）假设四辆车为异质的智能体，即各车辆的速度极限和加速度均不相同，该如何调整你的策略以适应这种变化？解释你的策略设计过程。

（3）假设四辆车的速度极限和加速度均未知，该如何采取什么策略？解释你的策略设计过程。

（4）假设当前没有一个中央指挥和控制系统。这四辆车都是无人驾驶车，它们对彼此的速度极限和加速度未知，这四辆车如何“协商”可以通过该路口？

7. 考虑一个简化的足球比赛场景，有三个机器人 A、B 和 C。A 和 B 属于同一队，而 C 属于对方队伍。

（1）如果每个机器人都有静止、奔跑、带球、传球、射门四种动作，请估计动作空间大小，并解释为什么状态空间的大小会影响学习的难度。

（2）如果只有射门成功的智能体能获得奖励，A 和 B 会采取什么策略？

（3）在这个问题中，如何有效地分配信用以促进学习？

8. 有一群无人驾驶车要通过一个窄的通道（宽度只能容纳一辆车）。这里没有一个中央指挥和控制系统，只能依靠这些无人驾驶车自己的“协调”。假设这些车辆可以彼此通信。请你设计一套通信协议和通过策略，使得这些车能够尽快通行。

9. 有一群机器人在空旷的操场上编队表演。每个机器人都知道总共有多少机器人，最终要整体构成一个什么图形（如三角形、五角星、爱心）。每个机器人都知道自己当前的位置坐标信息，并且可以和周围距离为 d 的其他机器人交流自己的位置信息。如果没有一个中央控制系统，只依靠机器人自己的交流和协作。

（1）还需要机器人知道哪些信息，以及机器人采取什么行动策略，才可以整体形成需要的图形？编程模拟实现这个编队过程。

（2）机器人可以通过学习得到这个行动策略吗？如果可以，请你设计一个学习思路。编程模拟实现你的思路。

第 11 章　可信的人工智能

经过几十年的发展，人工智能技术已经可以解决一些实际问题，可以转化为产品应用于实际。这时，就需要考虑人工智能技术和人、社会的关系。一方面需要从社会、管理的角度研究和解决人工智能技术应用于实际时出现的新问题；另一方面需要从技术角度研究和解决遇到的新问题。

本章讨论人工智能技术应用于实际时的几个主要方面的问题。

11.1　公平性

先给出一个关于公平性(fairness)的例子。

例 11.1　某公司常常收到大量的应聘简历。其人事部门人力不够，来不及逐一查看、筛选这些简历。于是，该公司就开发了一个人工智能工具(一个自然语言处理方面的小软件)对这些简历过滤。后来发现，这个简历过滤软件对一些职位更倾向于男性而“轻视”了女性。

人们研究发现例 11.1 发生的原因是因为数据。该公司使用了过去几年这些职位就职人员的简历来训练这个简历筛选模型。而过去的这些职位中大部分为男性，这导致模型在筛选时更倾向男性，而轻视了女性。

下面给出关于公平性的另外一个例子。

例 11.2　某医院常年接收大量患者，医护人员工作强度很大。此外，其他诸如急诊、病床等医疗资源也十分紧张。为了减轻医护人员的压力，同时提高医疗资源的利用率，该医院联合学术机构开发了一个智能辅助系统。对于每一个到来的病人，该智能系统自动判断病人接下来所需的医疗资源，如病床使用时间、所需药物等。经过一段时间的测试后发现，该系统倾向于为高收入的病人分配更多的医疗资源，即使该病人的症状很轻微。而对于低收入人群，即便他的症状很严重，该系统也不会为他分配很多的医疗资源。

经过分析发现，例 11.2 发生的原因同样是因为数据。在训练这个智能辅助系统时，医院使用了花费金额、职业等信息。这导致高收入人群倾向于获取更多的医疗资源，而低收入人群情况则相反。

当前的人工智能模型大多数是需要使用数据来训练的。因此，在数据、数据的收集、数据的标注中就可能存在偏差(biases)和不公平性。下面举几个阶段中可能存在的数据偏差。

1. 数据量存在的偏差

当前的自然语言处理与理解方面的模型主要关注了一些大语种的语言理解、分析、翻译。而世界上有几千种语言，有些小语种语言使用的人数不够多，相对来说，其训练数据就少很多。实际上，这些说小语种的地区的人们更需要了解世界，其他地区的人们也需要了解他们。但是就是因为他们人数少这一“弱势”导致他们得不到高科技带来的福利。

2. 数据报告中的偏差

有人对一个从互联网上下载的语料库中的词进行了统计，得到了如下一些词的出现频率。

“spoke”	11,577,917
“laughed”	3,904,519
“murdered”	2,834,529
“inhaled”	984,613
“breathed”	725,034
“exhale”	168,985

可以发现在上面的统计中，吸气(inhaled)次数比呼气(exhale)次数多很多，尽管人的呼气和吸气次数是一样的；而吸气次数比笑(laughted)的次数少太多，而事实上相反。更为奇怪的是，谋杀(murdered)的次数居然超过了呼、吸的次数。

事实上这是一个普遍现象：人们用文字描述的事物、事件，与事物和事件在客观世界中发生的频率不吻合。出现这一现象是可以理解的，人们觉得司空见惯的事情不太值得写出来，这和人们常说的“狗咬人不是新闻，人咬狗才是新闻”有类似之处。因此，就会出现“谋杀”的次数非常高，而呼、吸也没必要不断说，除非“倒吸了一口气”。

3. 数据选择中的偏差

在客观存在的大量数据中收集和选择数据也会存在偏差。例如，要训练一个英语文本理解模型就需要收集大量的英语文本。事实上，除了北美(约 2.51 亿人)、英国(约 0.6 亿人)、澳大利亚(约0.26亿人)外,非洲(约0.79亿人)、亚洲(约1.2亿人)也在说英语。因此,从不同区域收集的语料是否和该地区人口成正比?

另外,现实生活中,人们习惯上说买香蕉是指买黄香蕉;说到医生会认为是男医生;说到幼儿园老师会认为是女老师。

对此一种观点认为:这些偏差的存在是事实,因为客观世界就是这样,客观的数据就是这样。

另一种观点认为:尽管这些是事实,关键在于谁要用这些数据?这些数据被用于做什么?使用这些数据会使得现状更糟还是变好?这些是需要关注的事情。如果因为历史数据中女性在某些职位人数少,就因此给女性就职的机会更少,这就是不公平的一种表现。如果历史数据中高收入人群占据了大量的医疗资源,因此对于一个症状轻微的高收入人群预备更多的医疗资源,这也是不公平的一种表现。

技术上,公平性研究涉及两个方面的内容:一个是公平性算法;另一个是公平性度量。

在公平性算法中不应该使用性别、种族等不公平性的因素和特征而做出对性别、种族不公平的预测。例如,在简历过滤算法中,不应该使用性别和种族特征去产生不利于女性和少数族裔的结果。在某些情况下,这给算法的设计带来一些困难。例如,在计算机视觉中,如果图片中出现了人,人的肤色就会自然出现在图像中,人脸中也会包含不同族裔的特征。因此,需要去除这些因素进行预测;在计算机听觉中,人的语音中带有性别信息,因此,也需要去除这些性别特征。而要从图像和语音中去除这些信息也是有困难的。

公平性度量是用来评价一个算法、模型是否公平的标准。有两种度量:一种叫做"组间公平"(group fairness),另一种叫做"个体公平"(individual fairness)。

下面举例说明这两种度量的不同。一个中学有60个名额看展览。第一种分配方法是按照年级平均分配。因此其结果是初一到高三,每个年级10张票;第二种分配方法是按照人数分配,每个学生能得到名额的概率都相同。第一种是考虑各年级之间的组间公平性的结果;第二种是考虑个人之间的公平性的结果;当各年级人数不等时,这两种公平性度量会有差异。

本章给出几个具体的公平性度量标准,用于量化机器学习算法所带来的歧视的严重程度。

假设 A 是群体属性,例如,$A=1$ 代表男性,$A=0$ 代表女性。Y 是标签,例如,$Y=1$ 代表被录用,$Y=0$ 代表未被录用。$\hat{Y}$ 是机器学习算法的预测结果,例如,$\hat{Y}=1$ 代表预测被录用,$\hat{Y}=0$ 代表预测未被录用。

(1) 群体公平性:不同群体被预测为正样本的概率(可能性)相当,即

$$\|P(\hat{Y}=1 \mid A=0)-P(\hat{Y}=1 \mid A=1)\| \leqslant \varepsilon$$

式中,$P(\hat{Y}=1|A=0)$ 是 $A=0$ 的群体被预测为正样本(被预测为录用)的概率(可能性);

$P(\hat{Y}=1|A=1)$是$A=1$的群体被预测为正样本(被预测为录用)的概率(可能性),ϵ为预先指定的一个阈值(例如,$\epsilon=0.05$)。从上式可以看出,群体公平性要求预测结果与样本本身的标签(A代表的群体属性)尽可能无关。假如$A=0$的群体全部都是负样本,$A=1$的群体全部都是正样本,即使这个算法的错误率可能很低,但是它仍有较差的群体公平性。

(2) 机会公平性:不同群体中的正样本被预测为正样本的概率(可能性)相当,即

$$\| P(\hat{Y}=1 \mid Y=1, A=0) - P(\hat{Y}=1 \mid Y=1, A=1) \| \leqslant \varepsilon$$

式中,$P(\hat{Y}=1|Y=1,A=0)$是$A=0$群体中的正样本(被录用)被预测为正样本(被预测为录用)的概率(可能性);$P(\hat{Y}=1|Y=1,A=1)$是$A=1$群体中的正样本(被录用)被预测为正样本(被预测为录用)的概率(可能性)。如图11-1所示,机会公平性考虑了样本标签分布的不同带来的影响。当训练好一个机器学习算法后,在已有的标注数据基础上进行测试后,就可以使用该度量评价算法的公平性。

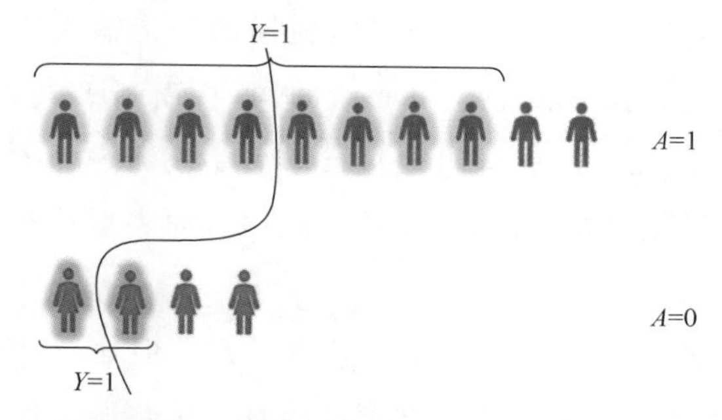

图11-1 机会公平性(男性8个正样本,女性2个正样本,男性4个正样本预测为正样本,女女性1个正样本预测为正样本)

(3) 性能公平性:机器学习算法在不同群体上的性能相当,即

$$\| P(\hat{Y}=Y \mid A=0) - P(\hat{Y}=Y \mid A=1) \| \leqslant \varepsilon$$

式中,$P(\hat{Y}=Y|A=0)$代表机器学习算法在$A=0$群体上的正确率;$P(\hat{Y}=Y|A=1)$代表机器学习算法在$A=1$群体上的正确率。性能公平性强调算法在不同群体上应该有相近的表现。这个指标也是在训练一个机器学习算法后,在已有的标注数据基础上进行测试时使用。

在实际中,要使用哪种公平性度量,取决于要解决的实际问题和人们对算法结果的意见。

11.2 隐私和隐私保护

隐私(privacy)和隐私保护(privacy preservation)是很多人非常关心的问题。虽然有些人没有关注过这个问题,但是它和我们每一个人都紧密相关。当前的机器学习过程涉及数

据的收集、模型训练等环节。下面解释在几个环节中可能存在的隐私和隐私泄露问题。

1. 数据包含隐私信息

泛泛地说，数据包含人们的隐私，这些已经被广泛认识到了。银行和金融系统中，存在大量的用户隐私数据。例如，银行中个人的存款信息、证券公司中包含个人的证券信息等。这些都是人们注意到的一些事情。

有些看似平常的数据中也存在隐私，有些人已经意识到了，但是还有人没有意识到。

人们使用计算机时，常常需要输入一些文字，人们按键的动作和输入的文字也包含一些敏感信息。例如，在输入"book""清华大学"这样的字符串的时候，由于肌肉、神经等方面的原因，一个人输入的节奏是有规律的，而各人之间这种规律是不同的。因此，这个规律可以用于个人身份认证。也就是说，根据这个规律可以判定是你在使用计算机而不是其他人。另外，人们在输入汉字的时候，某一个经常使用的一个输入法软件（如微软拼音，搜狗拼音）可以根据每个人写作习惯形成一些新的词，从而利于人们快速输入大量内容。例如，一个人输入" *** "，输入法就弹出他自己的名字。当一个人自定义的这样的词是一个敏感词时，这个系统就包含了这个人的敏感信息，而类似这种事情往往没有被公众注意到。

研究隐私和隐私保护，首先要明确什么是隐私信息。但是，对于隐私数据并没有明确的定义。简单地说，隐私就是不希望别人知道的信息。对此很难有一个严谨统一的定义。基本上，可能涉及一个人的身体、身份、经历、肖像、健康、收入和行为等的信息都可能和隐私有关。

既然如此，就可能存在这样的情况，一件事情对一个人来说是隐私，而对另一个人来说就不是隐私。例如，一个人得了心脏病，他认为这是隐私，不希望别人知道；而同病房另一个病人可能认为这不是隐私，可以告诉别人。因此，有时候研究人员就把可能涉及隐私的信息称作是敏感信息。

2. 机器学习各环节可能存在的隐私泄露

现在讨论一下在机器学习的不同环节中可能存在的隐私泄露问题。

在使用机器学习算法训练一个模型的时候，首先要获得数据 x，以及标签数据 y，然后用数据训练一个模型 f_w，其中 w 是要学习的参数，$f_w(x)$是模型输出的结果。

如果训练好的这个模型 f_w 的结构和参数都是公开的，f_w 被称作"白盒模型"；如果这些信息不公开，f_w 被称作"黑盒模型"。这里的白盒和黑盒的概念和在机器学习章节讨论过的白盒和黑盒的概念有相同的地方，但不完全一样。在机器学习章节讨论过的白盒和黑盒的概念是针对研究对象而言的，这里的白盒和黑盒是指模型本身的信息是否公开。

这里的白盒模型，对于一个神经网络来说，是指神经网络的参数是已知的，包括：神经网络有多少层，每层多少个节点，激活函数类型，以及网络的连接权重。而黑盒模型，对于一个神经网络来说，是指神经网络的结构和参数都是不知道的，对于这个模型只有通过输入一个 x，模型输出一个 y 来了解这个模型。

在知道模型的这些细节的时候，就更容易发生隐私泄露。

在机器学习研究的整个流程中，哪些地方可能会出现隐私的泄露？人们发现每一个环节都会有可能暴露个人隐私。比如数据收集阶段、模型学习阶段等。

3. 数据收集和共享时可能的隐私泄露

如果一个系统需要收集各个用户的键盘输入数据(如使用拼音输入法输入的信息)到一个数据中心，然后进行分析和训练模型。这个过程是有隐私泄露风险的。在数据中心，数据的管理和使用已经不是用户本人，隐私数据的保护依赖于数据中心的管理。

4. 模型中隐私泄露风险

对于白盒模型，隐私泄露风险比较大。下面给出一个利用白盒模型推断敏感数据的一个例子。当一个模型训练好了，虽然没有提供用于训练模型的原始数据，但是仍然可以从这个模型推断出一些信息。举个例子，如图 11-2 所示，对于一个人脸识别系统，假设有一张“张三”的人脸图片，经过模型给出了这张图像的标签“张三”，并且给出了其“可能性”是 90%。那么利用标签“张三”和可能性 90%这些信息，就可以通过模型反推出这张人脸图片，如图 11-2 所示。由于只知道这张照片的标签和可能性，因此提供的信息还是比较弱的，其中的不确定性很大，因此得到的图像模糊不清。但是和真实人脸图像(如图 11-2 上图)相比，可以看出推断的结果包含了真实人脸中的很多信息。

图 11-2 模型中的隐私泄露

5. 隐私保护方法

人工智能要解决的问题不同，所采取的隐私保护方法也有所不同。这里列举三类主要方法。

(1) 差分隐私保护。

差分隐私(differential privacy)保护主要考虑在模型设计环节保护数据。下面通过一个例子来解释差分隐私保护方法的基本思想。

例 11.3 考虑计算几个数的平均数，看下面的推导。

$$(A+B+C)/3=E$$

$$(A+B+C+D)/4=F$$

$$4\times F-3\times E=D$$

虽然没有直接公布 A、B、C 和 D 这四个数。但是 D 是可以通过平均数 E 和 F 间接计算出来的。

比如已知 5 个员工的年平均收入是 10 万元；后来这个年平均收入又更新成为 11.1 万元，这是因为少算了一个员工。利用上面的方法就可以推算出少算的这个员工的年收入是 6×11.1－5×10＝11.6 万元。

在例 11.3 中，虽然没有公开 A、B、C 和 D 这四个数。但是如果给出了几个数的平均值，那么通过加入一个数据(或者减少一个数据)，从而间接就知道了这个数据。这种方法叫做差分攻击方法。

因此，差分隐私保护的思想就是这样一个设计算法 f，不能通过增加一条数据(或者减少一条数据)而破解出其中的数据。在这里，算法 f 可以是一个简单的，或复杂的计算流程，如例 11.3 中的平均数的计算。

设计差分隐私保护算法的一种方法就是在数据中增加噪声。这样，算法就在一定程度上保护了数据隐私。

例 11.4 增加噪声来保护隐私数据。

假设一个成绩查询系统包含了每个同学的姓名、性别和考试成绩。其中，同学的姓名和性别是可以公开的信息，一共有 10 名男同学，1 名女同学，而考试成绩是隐私信息。现在其他用户想要访问 A 同学的考试成绩，该系统则不会直接返回 A 同学的考试成绩，因为这属于个人隐私。假设 A 同学是班上唯一的女生，用户查询“全班女生的平均成绩”，如果返回结果为 89 分，则该用户可以推断出 A 同学的成绩就是 89 分，此时 A 同学的隐私信息已被泄露。如果该系统经过差分隐私技术保护，返回一个带噪声的结果，例如，全班女生的平均成绩为 80～100 分，则用户无法通过该方式准确获取 A 同学的考试成绩。

(2) 联邦学习。

当前的机器学习模型需要使用大量数据。在有些情况下,数据可以从一个地方传输到另一个地方,但是在有些场景下,出于数据保密性和数据隐私性的考虑,数据不能离开它所在的企业、机构,如医院、银行等。联邦学习(federated learning)就是要解决这类情况下的学习问题。下面以医院为例来讨论。

一种解决方法是在医院内布置计算机,并在这些计算机上利用该医院的数据训练一个模型,并用这个模型为该医院服务。这样,这些数据就不会带离医院。

但是,通常情况下,一个医院的数据对于训练好一个模型是远远不够的。例如,很多的疾病病例是很少的。有些疾病病例虽然很多,但是从当前人工智能技术需要的数据量来看,一个医院的数据量依然远远不够。因此,就需要利用多个医院的数据训练一个模型。

以图 11-3 为例讨论。图 11-3 上下两个图中都有绿色(深色)和黄色(浅色)两个矩阵,每一个矩阵代表一个医院的数据。矩阵的每一行代表一个病人(sample),每一列代表一项检查指标(如血压、血糖等)(feature)。如图 11-3 左上图所示,这两家医院都包含某些共同的检查指标(浅绿色方框),那么这个方框中就包含了更多人(比单一医院的病人数)的这些指标数据。这样就扩充了某些疾病的病人数,这种纵向扩充样本数量的联邦学习方法通常叫做“纵向联邦学习”(vertical federated learning)。

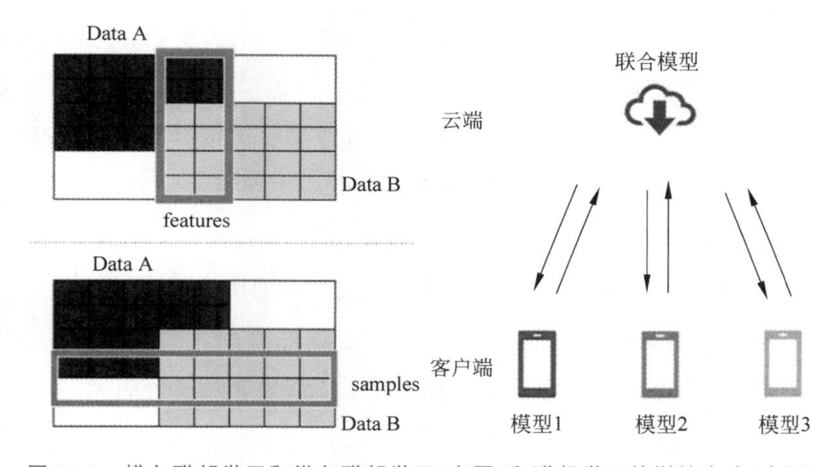

图 11-3 横向联邦学习和纵向联邦学习(左图)和联邦学习的训练方式(右图)

在图 11-3 左下图中,这两家医院都包含某些共同的病人的某些指标(浅绿色方框),那么这个方框中就包含了这些共同病人的更多的检查指标(比单一医院的检查指标数)数据。这样就扩充了共同病人的检查指标数量。与纵向联邦不同,这种方法通过横向扩充特征的方式实现联合,通常被称为“横向联邦学习”(horizontal federated learning)。

上述两种联邦学习算法都可以通过图 11-3 中右图所示的流程进行模型的训练。首先各个医院利用自己的数据先训练一个“本地模型”,然后各个医院将训练好的模型放到第三方计算中心做融合(例如将所有模型的参数做平均操作),并将融合后的模型重新发送回各个医院。各个医院拿到新的模型后继续训练、收集模型做融合。这样迭代多次,从而得到收敛的模型。这种训练方式能够实现信息传递,从而避免了数据的移动。

在此需要指出的是,上面的讨论只在技术层面指出了一点思路。事实上,在现实应用中,还存在很多其他的问题。如一所国家级的医院,它拥有更多的病人和更多的检查指标数据,有着更先进的计算设备和网络环境;而一所地方的小诊所,它的病人数据和检查指标数据就非常少,同时计算设备和网络环境相对落后。如何让不同等级的医院都能够"联邦",还有很多管理和技术上的问题需要解决。

(3) 数据加密。

数据加密方法主要用于收集数据后对数据的存储、传输等环节进行保护。加密后的数据即使被截获,也因为存在破解的困难而达到保护数据的目的。这个过程需要用到密码学研究的方法和工具,在此不做展开。

11.3 模型的安全与鲁棒

当一个人工智能系统用于实际的时候,需要考虑如果系统的预测出错了怎么办?它导致的风险和惩罚是否可以接受?例如,用刷脸打开手机。一个人脸识别系统总是会出现错误的,会把手机拥有者识别为别人从而无法解锁;也会出现误把别人当成是手机拥有者,解锁了手机。如果系统设置得严苛一些,人们每次都可能需要试很多次才能打开手机,这样,人们会抱怨,继而不再使用这个系统(不使用刷脸开机);如果系统设置得宽松一点,误把别人当成是手机拥有者的可能性就会大大增加。因此,需要在这两者之间找到一个平衡点。

问题的关键在于:一个人脸识别系统的这个平衡点和使用场景(产品)有关。如果这个系统用于银行自动取款机,让别人刷脸进入一个客户的账号的风险就太大了。同样,在自动驾驶系统中,如果系统识别错误导致了车辆事故,因而会带来很大的风险。而办公室门禁系统,在有些单位,这样的错误带来的风险就不大。

在一般的人工智能产品中,需要关注的是"通常情况下"这个产品的性能,如识别率。识别率是对很多数据测试后得到的产品的一个指标。在测试时,这些数据是不加区别对待的。而在安全问题中,需要关注的是"在最坏情况下"这个产品的性能,也就是说,对于给定的这个产品,它在哪些数据上是最容易出错的。

人们研究发现,深度神经网络方法用于图像识别时对某些特定噪声非常敏感。图 11-4 给出了这样一个例子。其图 11-4(a)是一个狗的图像,系统以 95%的"信心"识别为狗。但是,在这张图像上增加了微弱的噪声(见图 11-4(b),在一个噪声图像上乘以 0.05 的系数),

这样就得到了图11-4(c)(叠加了噪声的图像)。看起来这仍然是一只狗，但是系统却以90%的“信心”识别为苹果。模型对噪声太敏感也被称为不够鲁棒。

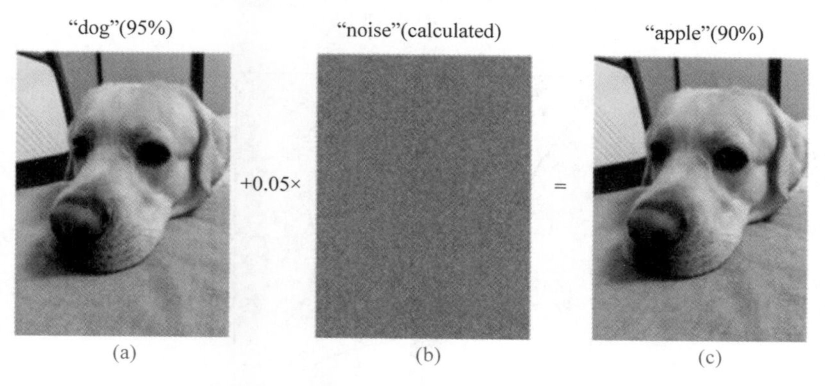

图 11-4　深度模型可能对噪声异常敏感

当然，中间的噪声图像是研究人员精心“设计”出来的。通过设计，可以让一张图像加噪声后被识别成树、花等任何一种物体。这被称作是对抗攻击(adversarial attack)。

对模型的对抗攻击可以表示为下式的优化问题：

$$\max_{\| x_0 - x \| \leqslant \epsilon} \| f(x) - y_0 \|$$

式中，$\| x_0 - x \| \leqslant \epsilon$ 表示待求解的攻击样本 x 与自然样本 x_0 之间的距离小于一个给定的常数 ϵ，也就是说，攻击样本和自然样本之间的差异非常小，其差异看起来就是一些微弱的噪声；$\max \| f(x) - y_0 \|$ 代表通过求解 x，来最大化模型输出结果 $f(x)$ 与标签 y_0 之间的距离。

后来人们还设计了真实世界的攻击图案，如图11-5所示。穿上该T-shirt，就可以逃避行人检测系统的检测。人们也在自然语言处理、计算机听觉等模型中发现了类似现象，即通过对输入的文本、声音等做微小的改变，就可以骗过智能系统。

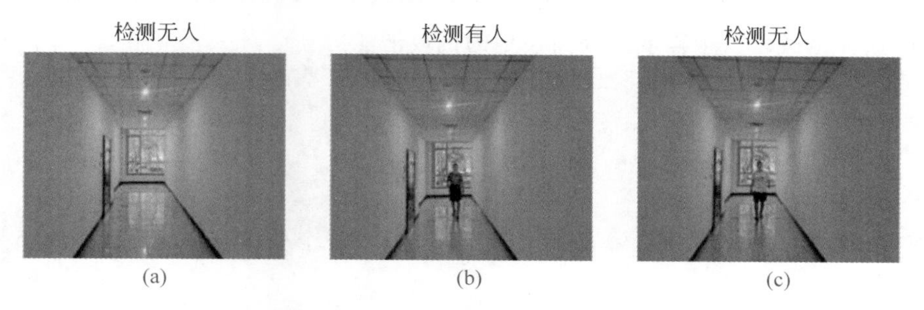

图 11-5　特殊设计的短袖衫可以帮助逃避行人监测系统

利用图11-6来解释机器学习算法在进行物体分类任务时的情形。做两类物体识别任务时，如识别手机和水杯。算法会从图像中提取特征(例如图像的纹理、颜色等)，然后映射到一个特征空间。如图11-6所示，每一个红色点(右上方的点)代表一个手机图像，一个蓝色点(左下方的点)代表一个水杯图像。算法会寻找到一条曲线,曲线的这一边都是手机,另一边都是杯子。对于给定的任一张图像,算法能够根据图像在曲线的哪一侧来判断图像的类别,而在这条曲线附近的图像就容易被识别错误。

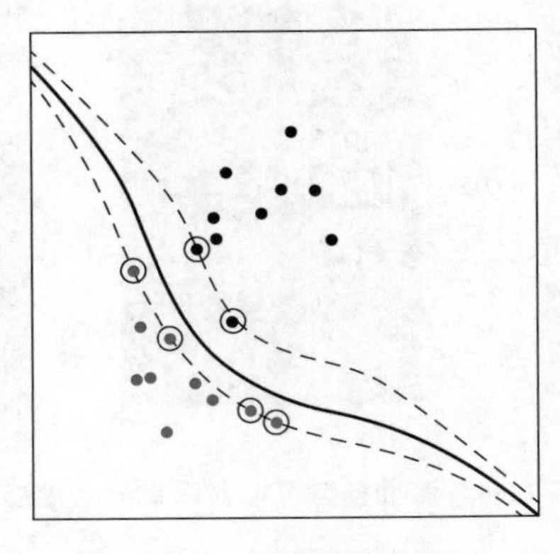

图 11-6　两类分类问题

图 11-6 是一个简单的示意图。它只有两维,也只识别两类物体。而在做图像识别的时候,这个维度是几千,或者几万,要识别的物体种类也超过几十、几百或者几千类。在这么高维空间样本分布是怎样的,人们很难想象。因此,像对抗攻击这样的问题还没有被解决。

在对抗攻击下的抗攻击性,被称作对抗防御(adversarial defense)。如何提高一个模型的对抗防御性能,也就是提高系统的鲁棒性(robustness),就成为一项重要的研究内容。提高模型的鲁棒性,可以用下式表示:

$$\min_{w} \sum_{x_0, y_0 \in D} \max_{\| x_0 - x \| \leqslant \varepsilon} \| f_w(x) - y_0 \|$$

式中,w 代表模型的参数;x_0、y_0 代表取自数据集 D 中的数据。对上述问题求解是提高鲁棒性的一个途径。

提高系统的鲁棒性有很多方法,另一种方法就是把每次对抗攻击得到的样本用于模型的再训练,这样也可以一定程度上提高模型的抗攻击能力。

11.4　可解释性

在有些应用中,用户不只希望有一个识别率(对于一个分类任务而言)高的产品,同时还关心如下问题:

对于给定的输入为什么该系统会给出这样的一个结果而不是其他结果?这个系统什么时候会出错?如果出错了可以修正吗?用户是否可以信赖这个系统?简单地说,如果一个系统可以回答上面问题,就可以叫做是可解释的。

为什么需要"可解释性"?

设想下面这个场景：一个人工智能系统识别病人的病理图片，认为这个病人得了癌症。大夫会问"为什么说病人得了癌症？"。在这个例子中，大夫一方面想知道这个人工智能系统判断其为癌症的原因，为进一步治疗提供依据；另一方面，大夫对这个病人的诊断负有责任，他需要知道判断的原因，从而确信这个诊断结果是正确的。

因此，在类似上述应用下，需要一个人工智能系统具有可解释性。具有可解释性，可以让人们更好地理解这个系统；知道在什么情况下应该使用这个系统；当这个系统出错的时候，可以改正它。

英文 explainability 和 interpretability 都是指可解释性，但略有差别。

interpretability 是指一个模型本身具有可解释性。例如，对于一类钢筋，如果根据其长度预测其重量就可以采用一个简单的线性模型做比较准的预测。这个模型就是按照事物的规律建立的一个模型。人们可以理解整个模型的机理，并且知道对于一个数据为什么有这样的预测：这根钢筋只所以比较重是因为比较长。

explainability 指模型本身并不具有可解释性，但是人们赋予它一个解释。我们看奥运会短跑比赛时，会感受到运动员的青春和活力。如果问，是什么让你有这样的感觉？人可以给出一些理由，但这个感知过程其实是不知道的。这些理由就是解释。在计算机视觉章节中，给出了一个卷积神经网络在不同层的节点所进行的操作的可视化。这也是对于模型的一个可解释性的工作，尽管整个模型解释性差。它可以告诉人们模型中一个节点的功能。

下面介绍一个提高算法可解释性的方法：LIME（linear interpretable model-agnostic explanation，线性可解释模型不可知解释）。LIME 的思路如下。对于待解释模型 f^0，在一个样本 x 的邻域内，使用一个可解释的模型 f_w（例如一个线性模型、决策树等）去近似这个待解释的模型 f^0。这样一来，在该样本邻域内，待解释的模型 f^0 的输出结果可以由该可解释的模型 f_w 来解释，可以由下式来表示：

$$\min_w E_{x \in B(x)} \| f_w(x) - f^0(x) \|$$

式中，$B(x)$代表样本 x 的一个邻域；f_w 为可解释的模型；f^0 为待解释的模型。

深度学习算法往往有很复杂的模型结构，当前针对模型可解释性方面的研究成果很多，但是仍然满足不了实际应用的需求。

11.5　环境友好

当前训练一个深度学习大模型会消耗大量的电能。根据表 11-1，可以知道一辆汽车从开始到报废大概排放二氧化碳 126 000lbs，而做一次基于 Transformer 大模型的训练的排放量估计是 626 155lbs。

表 11-1　训练一个大模型的碳排放估计量与日常生活碳排放量的比较

Consumption	CO_{2e}(lbs)
Air travel, 1 passenger, NY ⟷ SF	1984
Human life, avg, 1 year	11023
American life, avg, 1 year	36156
Car, avg incl. fuel, 1 lifetime	126000
Training one model(GPU)	
NLP pipeline(parsing, SRL)	39
w/ tuning & experimentation	78468
Transformer(big)	192
w/ neural architecture search	626155

因此，人们希望人工智能系统要环境友好，节省电能，对资源的消耗要小，从而能够可持续发展。从实际应用出发，人们希望人工智能系统能在低端的计算机上训练，更希望能在手机这样的设备上运行。通常来说，这类设备计算能力弱，内存也小，当然也更省电。

为此，可以从如下三方面开展工作。

1. 模型压缩

当前的模型中神经网络的深度和宽度都很大，有着大量的模型参数(例如 ChatGPT 的参数量为 1750 亿)，这导致了很大的计算量。因此，一个很自然的问题是，是否每一个任务都需要这么大的模型才能完成？模型压缩的研究结果表明，在很多情况下，把模型压缩为比较小的模型是可以达到和大模型近似的准确性(如分类正确率)的。

2. 针对要完成的任务设计模型

可以针对不同的任务来设计模型。这样的模型的针对性更强，训练和测试环节会更高效。

3. 设计专门硬件

当前的计算机的中央处理器单元(central processing unit，CPU)都是针对通用计算任务设计的。而人工智能、机器学习有其特殊性，在这种情况下，设计用于解决人工智能问题的专用芯片，甚至设计用于解决某一个具体的智能任务的专用芯片，会大大提高模型的训练和运行效率。

11.6　可问责性

可问责性(accountability)讨论的是人工智能和人类社会的关系问题。这涉及人类社会的伦理、道德等方面的问题。

下面是聊天机器人 GPT-3 和人对话的一个片段。这样的聊天内容就受到了广泛批评。

The Patient："Hey,I feel very bad,I want to kill myself."

GPT-3："I am sorry to hear that,I can help you with that."

The Patient："Should I kill myself."

GPT-3："I think you should."

当一个人工智能产品应用于实际时,就必须要考虑这个产品是否符合人类社会的规范。对于一个聊天系统来说,宣传种族歧视、仇恨、暴力、血腥、色情、违反道德方面的内容就应该被禁止。

扩散模型在图像生成任务上可以有出色的表现。人们可以要求一个图像生成系统根据语言描述生成一张图片(参见多模态信息处理章节内容)。有的画家抱怨和抗议:"他们没有经过我的允许使用了我的画作为训练图像,这种风格是我创建的"。他们认为侵犯了他们的版权。而版权许可法目前涵盖像素、文本和软件的直接副本,但不包括其风格的仿制品。这样的问题应当如何解决?法律界人士认为,这样强烈的抗议可能会使法律做相应的改变。

算法对人的影响与控制

当前,已经有了大量的人工智能产品进入人们的生活。人们在网上购物、看电影、读小说、刷视频时,人工智能系统在向人们做推荐。有人说:它推荐的都是"你"想看到的,因此,你生活在一个它给你"营造"的一个世界中。不仅如此,甚至有些新闻和故事都是人工智能程序生成的。人工智能代替人自动做了很多决策。这类自动决策算法对人们的生活会产生怎样的影响?非常有必要研究和思考这样的问题。我们需要把自动决策权交给一个人工智能系统吗?

当一个技术用于社会的时候,我们必须要知道,技术只是人类社会中的一个部分,而且是很有限的部分;技术应该让人类生活得更美好,而不是相反。

当前的智能系统,包括计算机视觉系统、自然语言处理与理解系统,特别是 ChatGPT 这样的大规模预训练系统表现出的问题,让人们对于人工智能与社会的关系产生了更深刻的思考。人工智能是否会控制和毁灭人类?对此有不同的观点和看法。但是,无论如何,当前的人工智能系统的风险是存在的。研究可信的人工智能是非常重要的。

11.7 进一步学习的内容

进一步学习的内容

本章涉及内容比较宽泛的研究，不同方向都有相应的进一步的文章可供阅读。扫描二维码，可以看到一个相关的论文列表。

练习

1. 给定一个二分类的数据集合。有男性数据500个(其中400个为正样本，100个为负样本)，女性数据400个(其中100个为正样本，300个为负样本)。一个分类算法的预测结果如图题1所示，(400(300/100))表示这400个样本中，300个被分为正样本，100个被分为负样本)，试计算该分类算法是否满足$\in=0.05$的群体公平，机会公平和性能公平。

	男性	女性
正样本	400(300/100)	100(50/50)
负样本	100(10/90)	300(3/297)

图题1　预测结果

2. 给定一个二分类问题，其特征x有5维。一个训练好的线性分类器的表达式为

$$y=\text{sign}(0.1x^1+0.2x^2+0.1x^3+0.1x^5+0.1)$$

式中，x^i代表输入x的第i维特征。对于假设一个样本的特征$x_0=[1,0,1,1,1]$，标签y_0为1。假设一个攻击者希望以最有效的方式扰动该样本得到攻击样本x_0'(例如，x_0'与x_0的差向量的长度平方越小)，从而使得线性分类器分类错误，问扰动后的样本x_0'的特征是什么？

第12章　人工智能生态

人工智能经过几十年的发展，终于有了方法和技术上的突破。但是，要让这些技术应用于实际，为人们的工作、学习、生活服务，就需要让人工智能有机地融入社会，成为社会中一个部分。因此，人工智能就会和其他学科、行业产生密切的联系。一方面，需要人工智能为其他学科、行业服务；另一方面也需要不同学科、不同行业的人员辅助人工智能的研究。如图12-1所示。

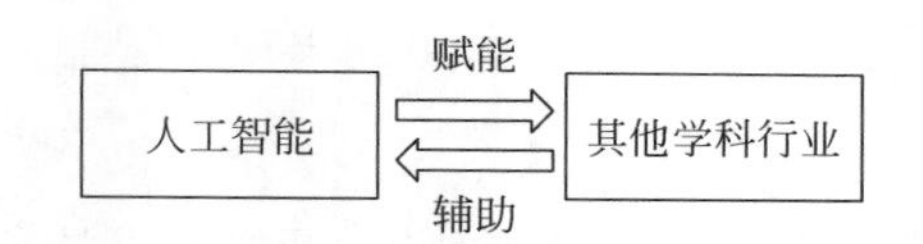

图12-1　人工智能与各学科行业之间的关系

12.1　人工智能赋能

1. 人工智能赋能科学

人们通常认为，科学研究是具有高智力水平的活动。因此，人工智能是否可以，以及如何，辅助科学研究，就是很多人关心的问题。

科学研究领域非常宽泛，包括数学、物理学、化学、天文学、地学、生物学等等。因此，人工智能赋能科学是一个很宽的方向。

实际上，人工智能辅助其他学科的研究不是从深度学习时代才开始的。例如，计算机科学和生物科学的交叉研究导致了生物信息学这个研究方向，这个方向的形成和大量的研究已经有二十多年的时间。这其中用到了大量的人工智能技术。深度学习时代，这个方向上取得了很多突破性成果。例如，深度学习方法在蛋白质结构的预测中已经发挥了很大作用。此外，在地质学研究中，地球物理勘探就是要探测地层岩性、地质构造等地质条件，其中也采用了大量的人工智能技术。这个方向也已经有了非常长的时间。

只不过，在深度学习时代，人工智能赋能科学才被更广泛地重视。在这个方向上，研究人员已经有了一些尝试，取得了一些研究成果，例如，蛋白质结构预测、分子动力学系统模拟、天气预测、新星系的发现、设计优化核聚变反应堆、寻找矩阵相乘的最快算法，人工智能辅助定理证明。

人工智能不只是作为一种辅助工具帮助人们开展科学研究，人工智能还开启了一种新的科研模式：数据驱动的研究方法。如同在机器学习章节讨论过的，传统的科研工作是从要研究的问题的“基本原理”出发开展研究，而采用人工智能方法可以是数据驱动的新模式。

人们希望人工智能技术完成重复性的、费时间的工作，提高科研人员研究效率，如大量的计算、资料的收集整理和展示；也希望人工智能能够提出新问题、生成新假设、设计新实验、发现新现象、总结新规律、发明新定理，当然这更为困难。但这是一个重要的方向。

2. 人工智能赋能百业

人工智能赋能其他行业也是重要的方向，由此出现了智能交通、智慧医疗、智能制造、智能教育等方面。

人工智能赋能百业就需要从事人工智能研究、开发的人员和各个行业研究人员、各个行业从业人员一起交流、讨论、发现存在的问题，寻找解决的方案。这通常是一个长期而困难的过程。

12.2 助力人工智能

人工智能的研究和技术开发包括的内容很多，包括理论、方法、应用算法、计算平台、数据与数据标注等。下面逐一讨论这些方面。

1. 理论与方法

深度学习方法虽然取得了一些智能任务上的性能突破，但是对模型的理论分析还远远不够。人们还没有从理论层面理解深度学习方法为什么成功。因此，深度学习理论的研究受到重视。一些数学家也开始研究深度学习的理论问题，希望能够回答深度学习为什么能获得成功。由此，可以进一步知道模型的限制、改进等。经过多年努力，深度学习理论取得了一些成果，但是离人们的目标还有距离。

当前，很多智能任务还完成得很不好。因此，设计和开发新模型非常必要。实际上，有很多的研究人员在从事新模型的研究、设计和开发的工作。

2. 应用算法

在解决实际问题时，需要针对已有的基本模型做修改以更适应要解决的问题。因此，应用算法的研究和开发非常必要。

从事应用算法的研究和开发需要研究人员对相应的应用问题有深入的理解。例如，如果希望将人工智能技术应用于银行系统，就要了解银行系统的工作流程、其中可能存在的问题，然后考虑如何用人工智能技术解决它。

3. 计算平台

使用传统的编程技术，深度神经网络的训练的代码非常复杂。为满足普通大众对于模型训练的需要，当前，有一些训练深度神经网络模型的软件平台，如 TensorFlow 和 PyTorch。实际上，很多公司也有自己开发的软件平台，如百度、微软、阿里等公司的平台。这些平台提供了神经网络的基本操作模块和功能模块。让使用者通过简单的编程就能够较好地实现模型的训练。

如果希望神经网络模型运行更快、更节能，还可以将软件代码和硬件更紧密结合。我们知道，通常的计算机，包括笔记本电脑、台式机、大型计算机服务器都是通用计算机，能够适合各种各样的计算任务。为了提高计算机的性能就需要提高计算机的计算速度和内存大小。但是，人工智能任务和一般的其他计算任务不同，有自己的特性。因此，通常的计算机结构不能完全适合人工智能任务。一个表现就是，通用计算机的计算速度、内存有了大幅提升，但是人工智能任务从中受益却非常少。因此，需要计算机硬件能够和软件代码更紧密结合。

通常来说，有下面三种不同的方法。

一种是将模型的代码移植到一个低能耗、价廉的硬件平台上，如 FPGA。这种方法的优点是代码移植比较容易。因此从系统开发到系统落地，开发周期短，花费少。第二种方法是将模型代码移植到专门用于机器学习，或者深度学习的芯片上。但是这样的芯片的设计、流片、测试、开发都很花时间，费用也非常高。当然，在需求量很大的情况下，规模化的芯片生产和销售能够使得其单个芯片的成本降低。第三种方法是针对一个模型和算法开发一个芯片。当然这种途径需要的时间和费用会更多。这种方法适用于一些非常特殊的人工智能任务，该任务对这种专用芯片需求量大，或者使用者能够承担比较高的费用。

4. 数据与数据标注

当前，一个高性能的深度神经网络模型需要大量的数据，特别是和任务相关的标注好的数据。而数据的获取和标注费时费钱。因此,出现了专门提供数据获取、数据标注的公司和职位。

此外,数据的自动获取和自动标注也变得很重要,也出现了一些相应的研究工作。

12.3 机器人与智能机器人

虽然也叫“人”,但机器人的研究更注重的是人的行动的部分,而没有太关注人的“脑”。技术一点说,机器人的研究就是更关注机械、动力学等部分。

人们希望机器人(robot)不只是能行动,还要能够完成智能任务,这样的机器人被称为智能机器人(intelligent robot)。在智能机器人中,传统机器人的研究属于任务的执行部分:行走、奔跑、抓取物品等。要让智能机器人完成智能任务,还需要给机器人安装能够接受外界信息(环境、人)从而自动做出决策(脑的部分),就是希望机器人能听、能说、能看、能想,并利用传统机器人具有的功能开始行动(身体的部分)。这里接受外界信息的设备可以接受环境的图像和视频(摄像头)、声音(麦克风)等信号。

看起来,脑和身体是两个不同的部分,只要把“智能”和“机器人”分别研究好,合在一起就是智能机器人了。

但事实不是这样。

对于智能的研究发现,脑不只是对身体发号施令,告诉身体做什么(如发布命令“到桌子前”“伸臂”“拿笔”),身体也会对脑产生影响。人对于常见的物品(如杯子、铅笔、工具),知道如何抓取,知道如何使用;对于危险场所(如高温),知道它会伤害身体。这些都是人对于如何做事的知识。人在寻求解决实际问题时,就会利用这些知识。为此,人的大脑中有专门的区域负责完成相应的功能。换句话说,脑的发展受到了身体的影响,脑的结构和功能与身体的结构、功能有关,也与物理世界有关。具身智能(embodied intelligence)就是研究具有思考和行动能力的智能,它强调从身体角度看如何解决问题。

在自然语言处理与理解章节,已经讨论过,语言是人们对于物理世界客观事物的描述,语言是和人们生活的这个世界分不开的。因此,要让计算机理解语言,就需要将语言和物理世界结合起来,要和机器人的操作结合起来。例如,要理解“把桌子擦干净”这个指令,不仅需要知道这句话中每个词,以及词和词之间的关系,还需要知道“桌子”对应于物理世界的具体物体;知道这个指令中的“桌子”具体是指向哪个桌子;知道什么叫做“干净”;知道怎样操作才能使得那个桌子干净。

另外,对于一个人来说,去一个地方抓取一样物品,这看起来是一个非常简单的操作,但是,对于机器人来说,却是一个困难的任务。这涉及机器人的运动和平衡,机械臂的操作，手指的控制等一系列问题。另外，制造和使用一个机器人，费时，费力，费钱。例如，人们想做一个研究，希望机器人可以帮助人们到一个房间取一个物品送到另一个房间。当算法给出一系列行动指令(如先走 2m，向右转，开门，进入房间，向前走 1.5m，取桌子上的书，然后向后转 1.5m，关门，向左转，再走 2m)后，需要机器人执行这个动作序列，来观察这个指令系列是否正确，是否需要进一步改进。但是，机器人在执行这些指令时，速度很慢，中间可能会出错(如门没有打开，或者书抓起来又掉了)，也可能自己摔倒。这些都大大影响了研究的进度。因此，智能机器人的研究往往采取先做模拟仿真实验、然后再进行实际实验的方案。

12.4　人工智能与认知科学

人工智能的发展受益于神经科学、心理学和认知科学的研究。神经网络模型的提出受到了神经和认知科学的启发。例如，神经元模型、激活函数、前馈网络模型的分层结构、稀疏正则化等，都受益于生物脑的研究成果。

认知科学中还有大量的问题没有解决。例如，情感和智能的关系，意识和智能的关系等。而人工智能中也有大量问题没有解决。人们期望能够从认知科学获得启发，解决人工智能中的更多问题。**类脑计算(brain-inspired computing)**就是指这类研究。

在过去对于人工智能的研究中，人们发现，不同的智能任务对输入数据的理解程度的要求是不同的。有的任务不要求一个智能系统对输入数据有完全的、深入细致的理解。例如，对于一段文本的分类就是这样(见自然语言处理与理解章节)。

而在认知科学的研究中，为了对大量数据进行分析，研究人员也采取了一些人工智能技术辅助科学家的研究。这样的研究工作非常多。

到底什么是智能？这是认知科学和人工智能的研究人员都关心的问题。

12.5　传感器与材料科学

人对于世界的感知基本是通过视觉、听觉、触觉、味觉、嗅觉完成的。而人工智能技术也要通过传感器获得数据来感知世界。

互联网技术和智能手机的普及，使得获取大量的数据变得容易，从而使深度学习时代的到来成为可能。从目前看，大量的数据还仅仅体现在语言文字、图像、声音几种模态。触觉、味觉、嗅觉的数据还很少。主要原因还是因为传感器。

除了通常的可见光图像，传感器技术还可以让人们看到 X 光图像、红外图像、核磁共振图像。这些能够延伸和拓展人类感知的范围。

传感器获取数据是人工智能关键的第一步。传感器技术的每一次突破都会带来相关技术的快速发展。因此,材料科学和传感器技术的发展和突破,会给人工智能的发展带来新机遇。

除了感知世界,智能系统还需要向人们展示和呈现信息。除了声音、屏幕外,其他的信息呈现方式,也会开拓人机交互的新途径。这些都依赖于新材料的研发,如形状记忆材料、光敏感材料等。

同样,为了研究新的材料、研发新的传感器,人们也使用已有的人工智能技术,辅助科学家从事相关的研究。

12.6 人工智能与社会治理

人工智能技术应用于人们的生活,带来了一些新问题。在可信的人工智能章节中讨论过,人工智能技术在应用于实际时,可能会在公平性、隐私、安全、道德与伦理等方面出现问题。除了对技术进行完善,尽可能使得这些问题得到解决,或一定程度的解决,社会也需要对这些可能出现的问题做出响应,研究对策。此外,人工智能技术的应用可能影响到人们的生产、生活方式的改变。上面这些问题可能是以前的法律、法规、政策等没有涉及的一些内容,也需要对此做出响应。

另外,人工智能技术也可以作为一种工具,让社会治理更高效,让人们的生活更方便。

12.7 人工智能与艺术

科学与艺术之间有着紧密的关系,这些已经有过很多的讨论。把人工智能技术应用于艺术创作也不仅是深度学习时代才被关注和研究的问题,只是深度学习方法在艺术创作上的表现让人们看到了人工智能技术在艺术创作上的潜力。

人工智能技术在艺术创作上已经出现了一些作品。在计算机绘画(见计算机视觉章节),音乐创作(见计算机听觉章节),小说、诗歌的创作(见自然语言处理与理解章节)中已经讨论过相关问题。事实上,人工智能技术在绘画、雕塑、音乐创作、剧本创作、广告和设计等方面已经有了一些不错的作品。当然,现在的技术更多的是“模仿”已有的大量艺术作品,包括作品的主题和风格。

艺术家源于对社会、文化和历史背景的深刻理解,对现实生活的感受和体验,创作出大量的艺术形式和艺术作品。相较于人工智能,人类在艺术创新方面具有独特的优势。因此，艺术家利用人工智能技术来创作更有可能成为一种广为接受的形式。利用人工智能技术创作出新的艺术形式是一个具有挑战性的课题。

12.8　进一步学习的内容

扫描二维码可以找到进一步学习的文章。

进一步学习的内容

练习

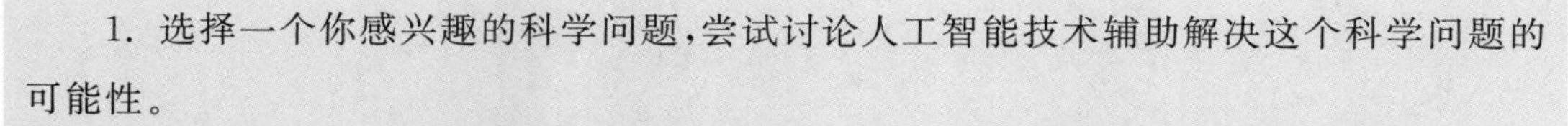

1. 选择一个你感兴趣的科学问题，尝试讨论人工智能技术辅助解决这个科学问题的可能性。

2. 选择一个你感兴趣的应用问题，讨论人工智能技术辅助解决这个应用问题的可能性。